Archana Dixit
D. K. Awasthi
Rachna Prakash

Saúde e higiene

Archana Dixit
D. K. Awasthi
Rachna Prakash

Saúde e higiene

ScienciaScripts

Imprint
Any brand names and product names mentioned in this book are subject to trademark, brand or patent protection and are trademarks or registered trademarks of their respective holders. The use of brand names, product names, common names, trade names, product descriptions etc. even without a particular marking in this work is in no way to be construed to mean that such names may be regarded as unrestricted in respect of trademark and brand protection legislation and could thus be used by anyone.

Cover image: www.ingimage.com

This book is a translation from the original published under ISBN 978-620-8-42668-2.

Publisher:
Sciencia Scripts
is a trademark of
Dodo Books Indian Ocean Ltd. and OmniScriptum S.R.L publishing group

120 High Road, East Finchley, London, N2 9ED, United Kingdom
Str. Armeneasca 28/1, office 1, Chisinau MD-2012, Republic of Moldova, Europe
Managing Directors: Ieva Konstantinova, Victoria Ursu
info@omniscriptum.com

Printed at: see last page
ISBN: 978-620-2-74133-0

SAÚDE E HIGIENE

Dr. Archana Dixit

D.K. Awasthi

Rachana Prakash Srivastva

A Dra. Archana Dixit é Professora Assistente no Departamento de Química, Dayanand Girls P.G.College, Kanpur, e tem mais de 60 publicações em revistas internacionais e nacionais. É membro de conselhos editoriais e editou 9 livros.

O Sr. Devendra Awasthi é Professor Chefe de Departamento no Departamento de Química no Sri J.N.P.G College, Lucknow, com uma elaborada experiência de ensino de mais de 30 anos. Tem mais de 150 publicações em revistas internacionais e nacionais. É membro de vários conselhos editoriais e editor de mais de 30 livros.

A Prof. Rachna Prakash é Professora (Responsável) no Departamento de Química, Dayanand Girls PG College Kanpur. Tem mais de 30 publicações em revistas internacionais e nacionais. É membro de 4 conselhos editoriais e editou 3 livros

PREFÁCIO

A saúde não é apenas a ausência de doença; é um estado de completo bem-estar físico, mental e emocional. Um corpo saudável e uma mente clara são a base de uma vida alegre e pacífica. Quando o corpo está livre de desordens e a mente está equilibrada, reflecte um estado de ser harmonioso e vibrante. Esta compreensão holística da saúde reconhece que o verdadeiro bem-estar vai para além da aptidão física, abrangendo também as dimensões mental e emocional da saúde.

A higiene, intimamente ligada à saúde, desempenha um papel crucial na prevenção de doenças e na promoção do bem-estar. O saneamento adequado, a limpeza, a água potável segura e a gestão eficiente dos resíduos são práticas essenciais que contribuem para a manutenção de uma boa saúde. A higiene envolve mais do que apenas a limpeza pessoal; engloba práticas que protegem e preservam a nossa saúde, tanto individualmente como no seio da comunidade.

Na busca da saúde, é essencial manter um equilíbrio entre a mente e o corpo. Quando ambos estão em harmonia, os sistemas do corpo funcionam de forma óptima, conduzindo a uma maior qualidade de vida. É amplamente aceite que a verdadeira saúde só é possível quando tanto a mente como o corpo estão bem. Assim, as práticas de saúde e higiene estão indissociavelmente ligadas - ambas são essenciais para viver uma vida plena e sem doenças.

A educação para a saúde desempenha um papel fundamental na capacitação dos indivíduos e das comunidades para tomarem decisões informadas sobre o seu bem-estar. Compreender a importância das práticas de higiene e saúde é fundamental para prevenir doenças e promover uma sociedade positiva e consciente da saúde. Através deste conhecimento, os indivíduos podem cultivar hábitos que melhoram a sua qualidade de vida e contribuem para o bem-estar dos que os rodeiam.

O objetivo deste livro é sensibilizar para a forma como podemos manter a nossa saúde no meio de vidas atarefadas, oferecendo conselhos práticos e ideias sobre a integração da saúde e da higiene nas nossas rotinas diárias. Num mundo em que o tempo é muitas vezes escasso, este livro pretende orientar os leitores sobre a forma de se manterem saudáveis e higiénicos, independentemente dos seus horários agitados. Ao abordar questões fundamentais e oferecer soluções, este livro esforça-se por tornar a saúde e a higiene acessíveis a todos, promovendo uma sociedade mais saudável e mais informada.

Índice

Advances in Plant-Based Polymers for Industrial Effluent Treatment (Avanços em Polímeros à base de plantas para tratamento de efluentes industriais): Salvaguarda da saúde humana e do ambiente

Monika Agarwal, Rajeev Kumar, Rohit Singh, Ankita Tripathi

Departamento de Química, Dayanand Anglo-Vedic (PG) College, Kanpur, Uttar Pradesh

Resumo

Os efluentes industriais representam riscos significativos para o ambiente e para a saúde pública devido à sua composição complexa, que inclui metais pesados, corantes sintéticos, poluentes orgânicos e contaminantes microbianos. Os métodos de tratamento convencionais, embora eficazes, sofrem frequentemente de elevados custos operacionais, consumo de energia e produção de resíduos secundários. Estes polímeros, derivados de fontes renováveis e biodegradáveis, como a celulose, a lenhina, o quitosano, o amido e o alginato, oferecem um potencial notável no tratamento de diversos poluentes através da adsorção, floculação e atividade antimicrobiana. O livro começa com uma visão geral dos polímeros à base de plantas, detalhando as suas propriedades estruturais, grupos funcionais e mecanismos que os tornam adequados para a remoção de poluentes. Aplicações críticas, incluindo a remoção de metais pesados, corantes, poluentes orgânicos e contaminantes microbianos, são destacadas, mostrando a versatilidade e eficiência dos polímeros. Os avanços na modificação de polímeros, como a funcionalização química, a formação de nanocompósitos e a bioengenharia, melhoraram ainda mais o desempenho destes materiais. Os polímeros modificados, como a carboximetilcelulose e os nanocompósitos à base de quitosano, demonstram uma maior estabilidade, seletividade e eficiência de adsorção em condições de efluentes industriais. Apesar do seu potencial, os polímeros de origem vegetal enfrentam vários desafios, incluindo a variabilidade da qualidade das matérias-primas, problemas de escalabilidade e estabilidade limitada em condições extremas. A concorrência por matérias-primas noutras indústrias e a necessidade de métodos de reciclagem e eliminação rentáveis também impedem a sua adoção generalizada. É essencial abordar estas limitações através de inovações na engenharia de polímeros, do aprovisionamento sustentável e do apoio político para a sua aceitação industrial. O capítulo conclui com uma discussão sobre as perspectivas, salientando a necessidade de investigação interdisciplinar, intervenções políticas e sensibilização do público para promover os polímeros à base de plantas como uma alternativa sustentável.

Palavras-chave

Polímeros à base de plantas, Tratamento de efluentes industriais, Sustentabilidade ambiental, Biopolímeros, Gestão de águas residuais, Derivados de celulose, Purificação de água

1. Introdução

Os efluentes industriais, um subproduto da atividade industrial humana, tornaram-se uma preocupação ambiental significativa nas últimas décadas. Estes resíduos líquidos são gerados por diversas indústrias, incluindo a têxtil, a farmacêutica, a química e a alimentar, e estão frequentemente carregados de substâncias tóxicas, como metais pesados, corantes, poluentes orgânicos e microrganismos patogénicos. A descarga de efluentes não tratados ou inadequadamente tratados no ambiente tem consequências ecológicas graves, incluindo a poluição da água, a degradação do solo, a perda de biodiversidade e efeitos adversos na saúde humana.

Os métodos convencionais de tratamento, como a precipitação química, a osmose inversa e os processos de lamas activadas, têm sido amplamente utilizados para gerir as águas residuais industriais. Embora eficazes em cenários específicos, estas abordagens apresentam desvantagens significativas, como os elevados custos operacionais, os processos que consomem muita energia, a produção de poluentes secundários e a eficiência limitada na remoção de contaminantes complexos ou recalcitrantes. Além disso, as crescentes preocupações com a sustentabilidade e a necessidade de soluções ecológicas têm impulsionado a investigação no sentido de alternativas mais ecológicas.

Os polímeros à base de plantas surgiram como candidatos promissores neste domínio. Derivados de recursos renováveis como a celulose, o amido, a lignina e o alginato, estes biopolímeros são biodegradáveis, económicos e versáteis nas suas aplicações. As suas propriedades físico-químicas únicas permitem-lhes remover eficazmente os contaminantes através de mecanismos de adsorção, floculação, quelação e troca iónica. Além disso, os avanços na modificação de polímeros e no desenvolvimento de materiais híbridos aumentaram significativamente a sua eficiência e alargaram o seu âmbito de aplicação.

Este capítulo explora o potencial dos polímeros de origem vegetal no tratamento de efluentes industriais, destacando os seus mecanismos de ação, aplicações e inovações tecnológicas recentes. Também discute os desafios associados à sua utilização e examina as perspectivas da sua integração nas práticas industriais. Ao aproveitar os benefícios dos polímeros de origem vegetal, podemos avançar para soluções sustentáveis de tratamento de efluentes que salvaguardem a saúde humana e o ambiente.

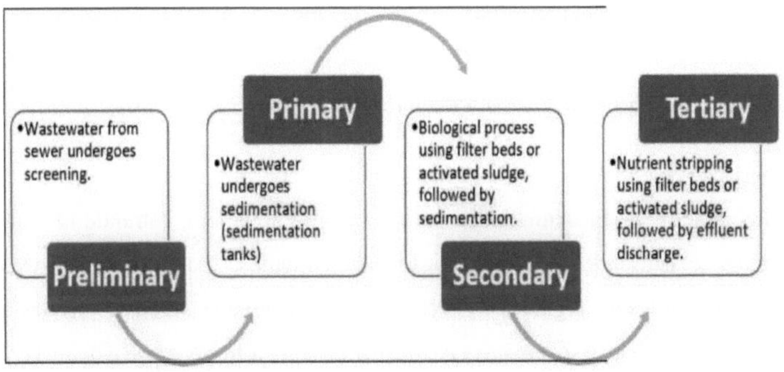

2. Efluentes industriais e seus desafios

2.1 Definição e tipos de efluentes industriais

Os efluentes industriais referem-se às águas residuais geradas durante os processos de fabrico, caracterizadas por vários poluentes que variam consoante a indústria e as suas operações. Alguns tipos comuns incluem:

- **Efluentes da indústria química**: Contêm produtos químicos perigosos, incluindo ácidos, álcalis, solventes orgânicos e hidrocarbonetos.
- **Efluentes da indústria têxtil**: Ricos em corantes sintéticos, tensioactivos e outros produtos químicos auxiliares utilizados no processamento de tecidos.
- **Efluentes da indústria farmacêutica**: Incluem ingredientes farmacêuticos activos, solventes e agentes antimicrobianos que são persistentes.
- **Efluentes de metais pesados**: São gerados a partir da exploração mineira, galvanoplastia e eletrónica e contêm metais tóxicos como o chumbo, o cádmio e o mercúrio.
- **Efluentes de processamento de alimentos**: Elevado teor de matéria orgânica, óleos e gorduras, contribuindo para a depleção de oxigénio nas massas de água receptoras.

2.2 Impactos na saúde humana e no ambiente

A libertação de efluentes não tratados no ambiente constitui uma ameaça grave. Os metais pesados são bioacumulados nos organismos aquáticos, entrando na cadeia alimentar e causando toxicidade nos seres humanos, incluindo perturbações neurológicas e lesões orgânicas. Os corantes e os poluentes orgânicos reduzem a penetração da luz solar nas massas de água, afectando a fotossíntese e perturbando os ecossistemas aquáticos. Os microrganismos patogénicos presentes nos efluentes podem propagar doenças transmitidas pela água. Além disso, a contaminação do solo e das águas subterrâneas com estes poluentes provoca danos ecológicos a longo prazo.

2.3 Limitações dos métodos convencionais de tratamento de efluentes

Os métodos tradicionais de tratamento enfrentam desafios significativos para lidar com a complexidade e diversidade dos efluentes industriais:

- **Custo elevado e necessidade de energia**: Técnicas como a osmose inversa e os tratamentos térmicos são dispendiosas e consomem muita energia.
- **Poluição secundária**: Os tratamentos químicos geram frequentemente lamas que necessitam de ser eliminadas, o que aumenta a carga ambiental.
- **Âmbito limitado**: Muitos métodos são ineficazes na remoção de contaminantes específicos, tais como compostos orgânicos não biodegradáveis ou metais pesados.

Estes desafios sublinham a necessidade de alternativas inovadoras e sustentáveis, como os polímeros à base de plantas, para fazer face às limitações das abordagens convencionais.

3. Visão geral dos polímeros à base de plantas

3.1 Definição e caraterísticas

Os polímeros à base de plantas são macromoléculas naturais derivadas de recursos vegetais renováveis. Caracterizam-se pela sua natureza amiga do ambiente, biodegradabilidade e abundância. Estes biopolímeros possuem grupos funcionais como os grupos hidroxilo, carboxilo e amina, permitindo interações com vários contaminantes. A sua estrutura molecular permite modificações químicas, tornando-os versáteis para várias aplicações industriais, incluindo o tratamento de efluentes.

3.2 Principais tipos de polímeros à base de plantas

1. **Polissacáridos** :
   - **Celulose**: O polímero natural mais abundante, a celulose, forma o quadro estrutural das paredes celulares das plantas. É quimicamente modificável e tem uma elevada resistência mecânica, o que a torna adequada para a adsorção de poluentes e como material de base de compósitos.
   - **Amido**: Composto por amilose e amilopectina, o amido é biodegradável e abundante. Pode ser modificado química ou fisicamente para melhorar as suas propriedades de adsorção.
   - **Alginato**: Derivado de algas castanhas, o alginato é conhecido pela sua capacidade de formação de gel em catiões divalentes, o que ajuda a encapsular e a remover os poluentes.
2. **Proteínas**:
   - **Proteína de soja**: Derivada da soja, esta proteína apresenta fortes propriedades quelantes para metais pesados e poluentes orgânicos.
   - **Zeína**: Uma proteína hidrofóbica obtida a partir do milho, a zeína remove eficazmente os óleos e as gorduras dos efluentes.
3. **Lignina**:
   - Polímero aromático complexo presente nas paredes celulares das plantas, a lenhina contém uma variedade de grupos funcionais, incluindo hidroxilos fenólicos e alifáticos, que a tornam prática para adsorver corantes, fenóis e metais pesados.

A natureza renovável e biodegradável destes polímeros e a sua versatilidade química tornam-nos ideais para aplicações sustentáveis de tratamento de efluentes.

4. Mecanismos de ação no tratamento de efluentes

Os polímeros à base de plantas removem os poluentes dos efluentes industriais através de vários mecanismos, dependendo da sua estrutura molecular e grupos funcionais.

4.1 Adsorção

A adsorção é um fenómeno de superfície em que os poluentes aderem à superfície do polímero. Grupos funcionais como o hidroxilo, o carboxilo e a amina interagem com os contaminantes, formando ligações químicas ou atracções electrostáticas. Este mecanismo é particularmente eficaz na remoção de metais pesados, corantes e poluentes orgânicos. Polímeros como a celulose e a pectina têm sido extensivamente estudados pelas suas elevadas capacidades de adsorção.

4.2 Floculação e Coagulação

Polímeros específicos à base de plantas actuam como floculantes naturais, agregando partículas suspensas em efluentes em flocos maiores que podem ser facilmente separados. Por exemplo, a goma guar e o quitosano formam pontes entre as partículas, melhorando a sua sedimentação e remoção. Este mecanismo é amplamente utilizado no tratamento de efluentes têxteis e de processamento de alimentos.

4.3 Troca de iões e quelação

P s polímeros à base de plantas, como a pectina e a celulose modificada, possuem propriedades de permuta iónica, o que lhes permite substituir iões na sua estrutura por metais pesados ou outros poluentes. A quelação envolve a formação de complexos estáveis entre os grupos funcionais do polímero e os iões metálicos, facilitando a sua remoção dos efluentes.

4.4 Ação antimicrobiana

Alguns polímeros à base de plantas, como a lignina e os polifenóis, apresentam propriedades antimicrobianas intrínsecas. Estes polímeros podem inibir o crescimento de microrganismos patogénicos em efluentes industriais, garantindo uma descarga mais segura no ambiente.

Estes mecanismos realçam a versatilidade dos polímeros à base de plantas no tratamento de diversos contaminantes e a sua adequação para integração em sistemas modernos de tratamento de efluentes.

5. Aplicações de polímeros à base de plantas no tratamento de efluentes

Os polímeros à base de plantas ganharam uma força significativa no tratamento de efluentes industriais devido à sua versatilidade e eficiência. As suas propriedades únicas tornam-nos adequados para tratar vários poluentes, incluindo metais pesados, corantes, matéria orgânica e contaminantes microbianos.

5.1 Remoção de metais pesados

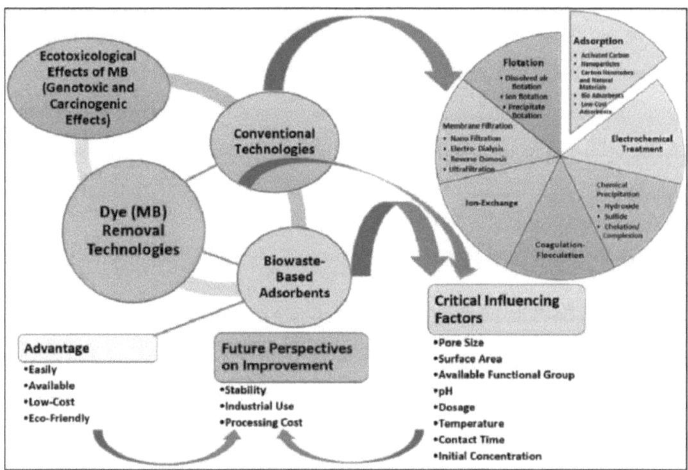

Os metais pesados, como o chumbo, o cádmio, o crómio e o mercúrio, representam riscos significativos para a saúde e o ambiente devido à sua toxicidade e não biodegradabilidade. Os polímeros à base de plantas, como a celulose, a pectina e a lignina, têm uma capacidade excecional para quelar e adsorver metais pesados das águas residuais. Estes polímeros são ricos em grupos funcionais, como os grupos hidroxilo e carboxilo, que interagem com iões metálicos para formar complexos estáveis. Por exemplo:

- **A pectina**, derivada de cascas de fruta, liga-se fortemente a iões metálicos através da troca iónica e de interações electrostáticas.
- **A celulose modificada**, como a carboximetilcelulose, aumenta a eficiência da adsorção através de modificações químicas.

5.2 Remoção de corantes em efluentes têxteis

Os efluentes da indústria têxtil são notórios pelo seu elevado teor de corantes, o que constitui um desafio para o seu tratamento devido às complexas estruturas moleculares e estabilidade dos corantes. Polímeros como o quitosano e a goma guar adsorvem eficazmente os corantes através da formação de ligações de hidrogénio e interações electrostáticas.

- **O quitosano**, um derivado da quitina, tem sido amplamente utilizado devido à sua elevada afinidade para corantes aniónicos, devido à sua natureza catiónica em condições ácidas.

  A goma guar actua como floculante, agregando as moléculas de corante em aglomerados maiores para facilitar a remoção.

5.3 Degradação de poluentes orgânicos

Os polímeros à base de plantas, em particular os derivados da lenhina e do amido, são cruciais na adsorção e degradação de poluentes orgânicos, como fenóis, hidrocarbonetos e pesticidas.

- Com a sua estrutura aromática, a lenhina interage eficazmente com moléculas orgânicas hidrofóbicas, reduzindo a sua concentração nos efluentes.
- O amido modificado enzimaticamente melhora a remoção de poluentes orgânicos persistentes através do aumento dos locais de interação.

5.4 Remoção de contaminantes microbianos

Os efluentes industriais contêm frequentemente microrganismos patogénicos que representam riscos para a saúde pública. Polímeros específicos à base de plantas exibem propriedades antimicrobianas, tornando-os adequados para o tratamento de efluentes microbiologicamente contaminados. Por exemplo:

- A lenhina rica em polifenóis perturba as membranas das células microbianas, inibindo o seu crescimento.
- Para além das suas capacidades de adsorção, o quitosano é também antimicrobiano, reduzindo as cargas microbianas nas águas residuais.

Ao abordar estes poluentes específicos, os polímeros à base de plantas constituem uma alternativa sustentável e eficaz aos métodos convencionais, demonstrando o seu potencial em várias indústrias.

6. Avanços na tecnologia de polímeros à base de plantas

Os avanços tecnológicos melhoraram significativamente a eficiência e a aplicabilidade dos polímeros à base de plantas no tratamento de efluentes. Estas inovações centram-se na melhoria do desempenho dos polímeros, na expansão do seu âmbito de utilização e na sua integração com outros métodos de tratamento.

6.1 Modificação de polímeros

As modificações químicas e físicas melhoram as propriedades dos polímeros à base de plantas, tais como a capacidade de adsorção, a estabilidade e a seletividade para contaminantes específicos. Por exemplo:

- **O enxerto de grupos funcionais**, como grupos amino ou carboxilo, na celulose melhora a sua capacidade de quelação de metais pesados.
- **Os polímeros de reticulação**, como o quitosano, aumentam a sua resistência mecânica e a sua reutilização nos processos de tratamento.

6.2 Nanocompósitos e materiais híbridos

A incorporação de nanopartículas em polímeros à base de plantas levou ao desenvolvimento de nanocompósitos com propriedades superiores. Por exemplo:

- **Os compósitos de celulose-nanopartículas** apresentam uma melhor adsorção de corantes e metais pesados devido ao aumento da área de superfície.
- **Os híbridos de grafeno-lenhina** combinam a força do grafeno com os grupos funcionais da lenhina, alcançando elevadas eficiências de adsorção.

6.3 Polímeros de bioengenharia

Os avanços na biologia sintética e na engenharia genética produziram polímeros à base de plantas com propriedades adaptadas. Por exemplo, os microrganismos geneticamente modificados podem produzir polissacáridos com maior capacidade de ligação a poluentes.

6.4 Integração com métodos de tratamento avançados

A combinação de polímeros à base de plantas com técnicas de tratamento avançadas, como a fotocatálise ou a filtração por membranas, tem revelado efeitos sinérgicos. Por exemplo:

- **Os sistemas fotocatalíticos híbridos** que utilizam nanopartículas revestidas com polímeros melhoram a decomposição de poluentes orgânicos.
- **As membranas de filtração integradas em polímeros** reduzem a incrustação e aumentam a eficiência da remoção de poluentes.

Estes avanços abrem caminho a tecnologias de tratamento de efluentes mais eficazes e sustentáveis, posicionando os polímeros à base de plantas como actores cruciais na gestão moderna das águas residuais.

7. Desafios e limitações

Apesar da sua promessa, os polímeros à base de plantas enfrentam vários desafios que têm de ser resolvidos para uma adoção industrial generalizada.

7.1 Variabilidade na qualidade das matérias-primas

As propriedades dos polímeros à base de plantas dependem da fonte e do processo de extração, o que leva a uma variabilidade no desempenho. Por exemplo:

- As diferenças na qualidade da celulose dos resíduos agrícolas podem afetar a eficiência da adsorção.
- As variações sazonais na produção de alginato a partir de algas marinhas têm impacto nas suas propriedades de formação de gel.

7.2 Escalabilidade limitada

O aumento da produção de polímeros à base de plantas para aplicações industriais coloca desafios logísticos e económicos. São necessários métodos eficientes de extração e processamento para garantir a consistência e a relação custo-eficácia.

7.3 Baixa estabilidade em condições adversas

Muitos polímeros à base de plantas degradam-se ou perdem a sua funcionalidade em condições extremas de pH, temperatura ou salinidade, normalmente encontradas em efluentes industriais. O desenvolvimento de versões quimicamente estabilizadas ou modificadas é crucial para aplicações mais alargadas.

7.4 Aplicações concorrentes

A utilização de polímeros à base de plantas noutras indústrias, como a das embalagens alimentares e dos bioplásticos, cria concorrência pelas matérias-primas, aumentando potencialmente os custos e limitando a disponibilidade para o tratamento de águas residuais.

7.5 Eliminação e reciclagem

Embora biodegradáveis, os polímeros à base de plantas usados podem ainda exigir uma eliminação ou reciclagem adequadas para evitar a poluição secundária. A investigação sobre métodos de regeneração rentáveis é fundamental para promover a utilização circular.

A resolução destes desafios através de investigação e inovação específicas será crucial para a realização de todo o potencial dos polímeros à base de plantas no tratamento de efluentes.

8. Perspectivas futuras

O futuro dos polímeros à base de plantas no tratamento de efluentes industriais é brilhante, impulsionado pelos avanços na ciência dos materiais, pela consciencialização ambiental e pelas políticas de apoio.

8.1 Aumentar a eficiência

Os esforços de investigação devem centrar-se na melhoria da eficiência dos polímeros à base de plantas através de técnicas avançadas de modificação. Por exemplo:

- Desenvolvimento de polímeros multifuncionais capazes de tratar simultaneamente uma gama mais vasta de poluentes.
- Exploração de polímeros de bioengenharia concebidos para atacar contaminantes específicos com maior precisão.

8.2 Integração nos modelos de economia circular

Os polímeros à base de plantas alinham-se bem com os princípios da economia circular. Os esforços devem centrar-se na criação de sistemas em que estes materiais sejam obtidos de forma sustentável, utilizados de forma eficiente e reciclados ou biodegradados sem causar danos.

8.3 Política e adoção pela indústria

As políticas e incentivos governamentais podem impulsionar a adoção de polímeros à base de plantas pelas indústrias. A definição de normas mais rigorosas para a descarga de efluentes e a promoção de tecnologias ecológicas incentivarão as indústrias a explorar soluções sustentáveis.

8.4 Sensibilização e colaboração do público

A sensibilização para os benefícios ambientais e de saúde dos polímeros à base de plantas pode promover a sua aceitação. Os esforços de colaboração entre o meio académico, a indústria e os decisores políticos acelerarão o desenvolvimento e a comercialização destas tecnologias.

8.5 Exploração de novas fontes

A procura de materiais alternativos à base de plantas, incluindo resíduos agrícolas, espécies invasoras e culturas geneticamente modificadas, pode aumentar a disponibilidade e reduzir a concorrência com outras indústrias.

Em resumo, os polímeros à base de plantas têm um imenso potencial para revolucionar o tratamento de efluentes industriais. Ao abordar os desafios actuais e abraçar a inovação, estes materiais podem tornar-se uma pedra angular das práticas de gestão sustentável da água.

Agradecimentos

Monika Agarwal está grata à Universidade CSJM, Kanpur, Índia, pelo apoio financeiro concedido ao abrigo do C. V. Raman Minor Project Scheme [CSJMU/P&C/CVR/306//2024].

Referências

1. Ali, M., Sulaiman, O., Mokhtar, M. N., et al. (2016). "Aplicações de polímeros à base de lignina no tratamento de águas residuais". *Chemical*

Engineering Journal, 288, 1-11.

2. Bhatia, S., Sharma, K., e Singh, R. (2021). "Biopolímeros no tratamento de efluentes: Desenvolvimentos recentes e desafios". *Jornal de Pesquisa e Desenvolvimento Ambiental,* 15 (3), 45-67.
3. Garg, S., e Ameta, R. (2020). *Green Polymers and Environmental Sustainability (Polímeros verdes e sustentabilidade ambiental).* Springer.
4. Iqbal, M., e Bhatti, I. A. (2019). "Adsorventes derivados de plantas para remoção de corantes: Uma revisão crítica." *Revisões críticas em ciência e tecnologia ambiental,* 49 (1), 1- 36.
5. Klemm, D., Heublein, B., Fink, H.-P., et al. (2005). "Cellulose: Fascinating biopolymer and sustainable raw material". *Angewandte Chemie International Edition,* 44(22), 3358-3393.
6. Li, Y., e Zhou, W. (2020). "Floculantes à base de plantas no tratamento de água: Uma abordagem sustentável". *Journal of Cleaner Production,* 264, 121537.
7. Mukherjee, A., e Arora, N. (2021). "Papel dos polissacarídeos no tratamento de águas residuais: Mecanismos e aplicações." *Fronteiras em Química Ambiental,* 2, 134.
8. Nagpal, M., Bhardwaj, N., e Walia, A. (2019). "Avanços em adsorventes de base biológica para remediação de metais pesados". *Pesquisa em Ciência Ambiental e Poluição,* 26(19), 19573-19595.
9. Patil, J. N., e Sawant, S. B. (2020). "Nanocompósitos de polímeros naturais para tratamento de águas residuais". *Materials Today: Proceedings,* 31, 173-181.
10. Reddy, N., e Yang, Y. (2005). "Biofibras de subprodutos agrícolas para aplicações industriais". *Trends in Biotechnology,* 23(1), 22-27.
11. Thakur, V. K., e Thakur, M. K. (2014). "Processamento e caraterização de fibras naturais de celulose / compósitos de polímero termoendurecido". *Carbohydrate Polymers,* 109, 102117.
12. Wang, Z., e Chen, Y. (2018). "Materiais híbridos de polímeros naturais para

purificação de água". *Interfaces de materiais avançados,* 5(4), 1701080.

13. Zhang, Z., Wang, J., e Ren, Y. (2021). "Propriedades antimicrobianas e de remoção de poluentes de compósitos à base de lignina." *Ciência dos Materiais para o Desenvolvimento Sustentável,* 7(2), 55-66.
14. Zhao, X., e Cornish, K. (2020). "Soluções sustentáveis à base de plantas para águas residuais industriais: Uma abordagem de estudo de caso". *Green Chemistry Letters and Reviews,* 13(1), 3045.
15. Zhu, K., e Li, X. (2019). "Progresso recente em polímeros de bioengenharia para tratamento de água". *Nature Reviews Materials,* 4(5), 380-401.
16. Anjum, S., Sultana, S., e Hameed, A. (2020). "Polímeros biodegradáveis: Materiais ecológicos para remediação de efluentes". *Tecnologia Ambiental e Inovação,* 20, 101175.
17. Bajpai, A., e Jain, A. (2017). "Biopolímeros sustentáveis para remoção de corantes de águas residuais têxteis: A review". *Revista Internacional de Pesquisa Ambiental e Saúde Pública,* 14(5), 455.
18. Chandra, R., e Chowdhary, P. (2021). "Sustentabilidade de polímeros naturais no tratamento de águas residuais industriais: Uma revisão". *Sustentabilidade Ambiental*, 4(1),.
19. Garg, V. K., e Gupta, R. (2019). "Aplicação de adsorventes modificados à base de plantas para remoção de metais pesados". *Journal of Hazardous Materials,* 368, 552-564.
20. Hosseini, S. S., Taghizadeh, M., e Mirzaei, M. (2020). "Síntese verde e aplicações de biopolímeros no tratamento de água". *Progresso na Ciência dos Polímeros,* 102, 101234.
21. Kiran, E. U., e Akar, T. (2021). "Biossorventes à base de plantas: Materiais de baixo custo para descontaminação de água." *Poluição Ambiental,* 289, 117911.
22. Lu, Y., e Shao, Z. (2020). "Celulose e seus derivados para aplicações de tratamento de águas residuais". *Chemical Reviews,* 120(4), 4300-4362.
23. Saha, P., e Ghosh, S. (2017). "Adsorventes à base de lignina para tratamento

sustentável da água: Uma revisão". *ACS Sustainable Chemistry & Engineering,* 5(7), 6016-6030.

24. Shukla, S. R., e Pai, R. S. (2005). "Adsorção de metais pesados em biossorventes à base de plantas". *Chemical Engineering Journal,* 117(1), 89-98.
25. Zeng, X., e Lin, Z. (2021). "Avanços em biopolímeros à base de quitosana para tratamento de água". *Jornal de Gestão Ambiental,* 284, 112025.

Contribuições computacionais para a compreensão, o diagnóstico e a gestão da COVID-19

Monika Agarwal, Lokesh Kumar Saxena, Ankita Tripathi, Rohit Singh

Departamento de Química,

Colégio Dayanand Anglo-Vedic (PG), Kanpur-208001, U. P.

Resumo

A pandemia de COVID-19 veio sublinhar a importância das abordagens computacionais para a compreensão de fenómenos biológicos complexos, o diagnóstico de doenças, o desenvolvimento de terapêuticas e a otimização das respostas em matéria de saúde pública. Os métodos computacionais permitiram uma resposta rápida à crise, incluindo a análise genómica, a previsão da estrutura das proteínas, a inteligência artificial (IA), a aprendizagem automática e a modelização epidemiológica. Este documento analisa a forma como as ferramentas computacionais têm sido utilizadas para melhorar os nossos conhecimentos sobre o SARS-CoV2, otimizar as ferramentas de diagnóstico, ajudar a reorientar os medicamentos, conceber vacinas e modelar a propagação do vírus. Além disso, discute os desafios da qualidade dos dados, as preocupações com a privacidade e o potencial futuro das tecnologias computacionais emergentes.

1. Introdução

A pandemia de COVID-19 tem sido uma das crises de saúde pública mais devastadoras da história recente, afectando milhões de vidas e sobrecarregando os sistemas de saúde mundiais. O rápido aparecimento do vírus SARSCoV2, o agente causador da COVID-19, exigiu uma resposta global sem precedentes. Embora as medidas tradicionais de saúde pública, como a quarentena, o distanciamento social e a vacinação, tenham sido fundamentais para controlar a propagação do vírus, o ritmo da pandemia exigiu ferramentas adicionais para acelerar o diagnóstico, o tratamento e o desenvolvimento de vacinas. As ferramentas computacionais - desde a bioinformática e os algoritmos de aprendizagem automática até às simulações moleculares e aos modelos de previsão - têm sido fundamentais para gerir esta crise. Estas ferramentas permitiram aos investigadores sequenciar rapidamente o genoma do vírus, prever as estruturas das suas proteínas, desenvolver testes de diagnóstico, identificar potenciais terapias e conceber vacinas. A capacidade de simular a transmissão do vírus e de prever a eficácia das intervenções de saúde pública permitiu às autoridades tomar rapidamente decisões baseadas em factos.

Esta secção descreve o papel fundamental das metodologias computacionais na luta contra a COVID-19. Através de análises detalhadas destas aplicações, este documento realça a importância das ciências computacionais na compreensão da pandemia, no desenvolvimento de intervenções e na preparação para futuros surtos. Esta introdução estabelece o contexto para as secções seguintes, discutindo a forma como os modelos computacionais e a bioinformática transformaram a abordagem de gestão da pandemia.

2. Compreender o SARSCoV2 utilizando ferramentas informáticas

2.1 Análise genómica

O primeiro passo para compreender o SARSCoV2 envolveu a sequenciação do seu genoma, o que foi conseguido a uma velocidade notável utilizando tecnologias de sequenciação de nova geração (NGS). O genoma do SARSCoV2 foi sequenciado e partilhado publicamente por cientistas chineses em janeiro de 2020, marcando um momento crucial na luta global contra o vírus. Esta informação genética permitiu o desenvolvimento de testes de diagnóstico, o rastreio das mutações do vírus e a identificação de potenciais alvos terapêuticos.

As ferramentas computacionais desempenharam um papel essencial na anotação do genoma do SARSCoV2 e na sua comparação com outros coronavírus. Utilizando software de alinhamento de sequências como o BLAST (Basic Local Alignment Search Tool), os investigadores identificaram regiões conservadas no ARN do vírus que poderiam ser alvo de ensaios de diagnóstico ou vacinas. Ferramentas como a MEGA (Molecular Evolutionary Genetics Analysis) permitiram aos investigadores comparar o SARSCoV2 com outros vírus da família dos coronavírus, ajudando a identificar semelhanças e diferenças que poderiam fornecer informações sobre a patogénese viral e a dinâmica de transmissão.

A análise filogenética, frequentemente efectuada com ferramentas como o BEAST e o Nextstrain, permitiu acompanhar a evolução do vírus ao longo do tempo. Estas análises forneceram informações críticas sobre a forma como o SARSCoV2 se propagou globalmente e como o vírus se adaptou através de mutações. Ao analisar estas mutações, os investigadores puderam identificar variantes preocupantes (VOCs), como as variantes Delta e Omicron, e prever a sua transmissibilidade e potencial de evasão imunitária. A GISAID (Iniciativa Global para a Partilha de Todos os Dados sobre a Gripe) tornou-se uma plataforma essencial para a partilha de sequências genómicas e o rastreio destas mutações em tempo real, facilitando assim a coordenação global dos esforços de investigação.

2.2 Previsão da estrutura de proteínas

A capacidade de prever a estrutura 3D das proteínas virais é crucial para compreender como o SARSCoV2 infecta as células humanas e para desenvolver terapias que possam bloquear estes processos. Um dos avanços mais significativos na biologia computacional foi a utilização da AlphaFold, uma ferramenta baseada em IA que a DeepMind desenvolveu para prever estruturas proteicas. A capacidade da AlphaFold para prever com exatidão a estrutura da proteína spike do SARSCoV2 foi transformadora. A proteína spike liga-se ao recetor ACE2 nas células humanas, permitindo que o vírus entre e infecte o hospedeiro.

As previsões da AlphaFold forneceram informações detalhadas sobre a estrutura da proteína spike, ajudando os cientistas a compreender como o vírus interage com as células humanas a nível molecular. Estes conhecimentos estruturais foram cruciais para a conceção de vacinas, uma vez que permitiram a criação de vacinas capazes de provocar uma resposta imunitária específica contra a proteína spike. As simulações de dinâmica molecular (MD) foram também utilizadas para estudar a forma como a proteína spike muda de forma durante a entrada viral, proporcionando novas oportunidades para desenvolver medicamentos ou anticorpos para inibir estas interações.

Para além da proteína spike, outras proteínas do SARSCoV2, como a protease principal (Mpro) e a RNA polimerase dependente de RNA (RdRp), foram identificadas como potenciais alvos terapêuticos. Ferramentas de bioinformática estrutural como a Rosetta e simulações de acoplamento molecular permitiram aos investigadores investigar como pequenas moléculas ou fármacos se poderiam ligar a estas enzimas virais e bloquear a sua função. Estes conhecimentos constituíram a base dos esforços de descoberta de medicamentos para desenvolver antivirais que visem a maquinaria viral.

3. Desenvolvimento de diagnósticos

3.1 Abordagens computacionais à conceção de diagnósticos

A procura global de testes de diagnóstico aumentou durante as fases iniciais da pandemia. Os métodos computacionais foram fundamentais na conceção de testes de diagnóstico que pudessem detetar com precisão e rapidez a presença do SARSCoV2. A RT-PCR (reação em cadeia da polimerase com transcrição reversa) foi a norma de ouro para a deteção do ARN viral e as ferramentas computacionais desempenharam um papel central na conceção de primers para os testes de PCR. Ao analisar o genoma do vírus, foram utilizadas ferramentas computacionais, como o PrimerBLAST, para selecionar sequências específicas que os primers poderiam utilizar, garantindo a precisão e a sensibilidade do teste.

A rápida disseminação do SARSCoV2 e a necessidade urgente de testes generalizados também levaram à exploração de métodos de diagnóstico alternativos. Uma das inovações mais promissoras foi o diagnóstico baseado em CRISPR, nomeadamente a plataforma SHERLOCK (Specific High Sensitivity Enzymatic Reporter UnLOCKing). A CRISPR, uma tecnologia revolucionária de edição do genoma, foi adaptada para fins de diagnóstico, tirando partido da sua capacidade de detetar sequências específicas de ARN. A modelação computacional foi utilizada para conceber ensaios baseados em CRISPR que pudessem detetar o SARSCoV2 com elevada sensibilidade, mesmo na presença de cargas virais baixas.

3.2 IA no diagnóstico por imagem

Para além dos testes de diagnóstico genómico, foram desenvolvidas ferramentas de diagnóstico baseadas em IA para analisar imagens do tórax, como radiografias e tomografias computorizadas. Os algoritmos de aprendizagem automática, nomeadamente as redes neuronais convolucionais (CNN), foram treinados utilizando grandes conjuntos de dados de imagens do tórax de doentes com COVID-19 para identificar padrões associados à doença, tais como opacidades em vidro fosco e consolidação nos pulmões.

Estes modelos de IA identificaram rapidamente sinais de pneumonia por COVID-19, muitas vezes com um elevado grau de sensibilidade e especificidade, permitindo aos prestadores de cuidados de saúde dar prioridade aos doentes que necessitam de tratamento imediato. Isto foi particularmente útil em áreas onde havia escassez de testes PCR ou atrasos no processamento dos resultados. A integração da IA com o diagnóstico por imagem proporcionou uma ferramenta suplementar valiosa para os testes laboratoriais tradicionais, ajudando a identificar casos de COVID-19 mais cedo e de forma mais eficiente.

O processamento de linguagem natural (PLN) foi também utilizado para analisar relatórios de radiologia e registos de saúde electrónicos (RSE) para identificar pacientes em risco de doença grave. Ao extrair informações essenciais de relatórios médicos em texto livre, os algoritmos de PNL podem ajudar a identificar potenciais casos de COVID-19 e acompanhar a progressão da doença, permitindo uma afetação mais eficiente dos recursos nos hospitais.

4. Descoberta e otimização de terapêuticas

4.1 Reaproveitamento de medicamentos

A rápida identificação de opções terapêuticas foi um dos desafios mais prementes durante a pandemia de COVID-19. A reorientação de medicamentos, ou seja, encontrar novas utilizações para os medicamentos existentes, foi uma estratégia central na procura de tratamentos eficazes. As ferramentas computacionais desempenharam um papel vital na análise de grandes bibliotecas de compostos para a potencial atividade antiviral contra o SARSCoV2. Plataformas de rastreio virtual como AutoDock e Glide permitiram aos investigadores modelar as interações entre as proteínas SARSCoV2 e várias moléculas de fármacos, identificando potenciais candidatos para testes posteriores.

Um exemplo de reorientação bem sucedida de medicamentos foi a identificação do remdesivir, inicialmente desenvolvido para o Ébola, como um potencial tratamento para a COVID-19. Estudos de acoplamento computacional sugeriram que o remdesivir poderia inibir a atividade da RNA polimerase dependente de RNA do SARSCoV2, impedindo a replicação viral. Estas previsões foram posteriormente validadas em ensaios clínicos, tendo sido concedida ao remdesivir uma autorização de utilização de emergência para o tratamento da COVID-19.

4.2 Conceção antiviral

Para além da reorientação, foram também utilizados métodos computacionais para conceber novos compostos antivirais. As simulações de acoplamento molecular identificaram pequenas moléculas que poderiam inibir proteínas virais vitais, como a protease principal (Mpro) e a RNA polimerase (RdRp). Ao modelar a ligação destas moléculas às enzimas virais, os investigadores puderam prever a sua potência e seletividade.

As simulações de dinâmica molecular (MD) ajudaram ainda mais o desenvolvimento de medicamentos antivirais, fornecendo informações sobre o comportamento dinâmico das interações medicamento-proteína. Estas simulações permitiram aos investigadores otimizar as estruturas químicas de potenciais candidatos a fármacos para aumentar a sua afinidade de ligação e estabilidade, melhorando assim a sua eficácia como antivirais.

4.3 Desenvolvimento de anticorpos monoclonais

Os anticorpos monoclonais (mAbs) têm sido uma ferramenta terapêutica fundamental na luta contra a COVID-19. As técnicas computacionais foram cruciais na conceção e otimização de mAbs capazes de se ligarem à proteína spike do SARSCoV2, impedindo a entrada do vírus nas células humanas.

O mapeamento de epítopos, auxiliado por ferramentas computacionais como a Rosetta, permitiu aos investigadores identificar regiões da proteína spike que poderiam servir de alvo para a ligação de anticorpos. A conceção computacional de anticorpos monoclonais permitiu o rápido desenvolvimento de terapias baseadas em anticorpos, como o cocktail de anticorpos monoclonais da Regeneron, que recebeu autorização de utilização de emergência para o tratamento da COVID-19.

Os estudos de docking também foram fundamentais para otimizar a afinidade e a especificidade do anticorpo. Ao modelar a interação entre o anticorpo e a proteína da espiga, os investigadores puderam aperfeiçoar a sua conceção para maximizar a sua atividade neutralizante contra o vírus.

5. Conceção e desenvolvimento de vacinas

5.1 Conceção de vacinas de mRNA

O desenvolvimento de vacinas de ARNm, como as desenvolvidas pela Pfizer-BioNTech e pela Moderna, marcou um avanço inovador na tecnologia das vacinas. As ferramentas computacionais foram fundamentais para a conceção destas vacinas, em especial a otimização da sequência de ARNm para uma expressão proteica eficiente.

Foram utilizados algoritmos de otimização de códons para garantir que a sequência de mRNA fosse traduzida de forma eficiente nas células humanas. Estes algoritmos ajustaram os códons para melhorar a estabilidade e a eficiência da tradução do mRNA, garantindo níveis elevados de produção da proteína spike. Além disso, foram utilizados modelos computacionais para prever a resposta imunitária à proteína spike, ajudando a afinar a capacidade da vacina para estimular tanto a imunidade humoral como a celular.

A conceção da vacina envolveu também a utilização de bioinformática estrutural para compreender como a forma da proteína spike poderia afetar a sua imunogenicidade. A modelação computacional foi utilizada para conceber a vacina de modo a incluir versões estabilizadas da proteína spike que induzissem uma forte resposta imunitária.

5.2 Previsão da eficácia da vacina

Uma vez desenvolvidas as vacinas, foi utilizada a modelação preditiva para estimar a sua eficácia em diferentes populações. Os modelos de aprendizagem automática foram treinados com base em dados de ensaios clínicos para prever a resposta imunitária à vacina em vários grupos demográficos, incluindo aqueles com comorbilidades ou sistemas imunitários comprometidos.

Estes modelos ajudaram a identificar factores que influenciam a eficácia da vacina, como a idade, o sexo e a imunidade preexistente. Além disso, foram utilizados modelos preditivos para prever a proteção a longo prazo proporcionada pelas vacinas, incluindo a sua capacidade de proteção contra variantes de vírus emergentes.

6. Modelação Epidemiológica

6.1 Previsão da propagação de doenças

Os modelos epidemiológicos computacionais foram essenciais para prever o curso da pandemia de COVID-19. Os primeiros modelos, como os baseados no quadro SIR (Suscetível, Infecioso, Recuperado), forneceram estimativas da forma como o vírus se propagaria através das populações sob várias intervenções de saúde pública.

Os modelos baseados em agentes (ABM) foram outra ferramenta essencial, simulando comportamentos e interações individuais para prever os resultados de intervenções como o distanciamento social, o uso de máscaras e as campanhas de vacinação. Estes modelos ajudaram os responsáveis pela saúde pública a compreender o impacto das diferentes intervenções nas taxas de transmissão e permitiram otimizar as estratégias de contenção do vírus.

6.2 Atribuição de recursos

Foram utilizados modelos preditivos baseados em IA para afetar recursos críticos, como camas de hospital, ventiladores e vacinas. Ao analisar dados históricos e tendências actuais, os modelos de aprendizagem automática previram a procura futura de recursos de cuidados de saúde durante as diferentes fases da pandemia. Isto ajudou os governos a dar prioridade aos recursos nas áreas com maior necessidade e a evitar a escassez durante as vagas de pico de infeção.

7. Informações computacionais sobre a COVID-19 longa

7.1 Análise de dados na investigação longa sobre a COVID

A COVID-19 de longa duração refere-se à persistência de sintomas como a fadiga, a falta de ar e o défice cognitivo muito depois de a fase aguda da infeção ter desaparecido. Embora a investigação inicial se tenha centrado principalmente no controlo da propagação do vírus e na gestão dos casos graves, o aparecimento da COVID-19 de longa duração como um fenómeno clínico significativo levou a uma mudança no sentido de compreender os efeitos persistentes do SARS-CoV-2 no organismo.

As ferramentas informáticas, nomeadamente a aprendizagem automática e a análise de dados, têm sido fundamentais para identificar os factores de risco da COVID-19 prolongada. Ao analisar vastos conjuntos de dados recolhidos a partir de registos de saúde electrónicos (RSE), os cientistas puderam identificar padrões e pontos comuns entre os doentes que apresentavam sintomas de longa duração. Estes conjuntos de dados incluíam informações demográficas, condições de saúde subjacentes, resultados laboratoriais e resultados comunicados pelos doentes, todos utilizados para construir modelos preditivos.

Foram utilizados algoritmos de IA, como árvores de decisão, florestas aleatórias e máquinas de vectores de apoio (SVM), para processar este grande volume de dados. Estes algoritmos ajudaram a identificar grupos de alto risco, tais como indivíduos com determinadas condições pré-existentes (por exemplo, diabetes, hipertensão) ou aqueles que sofreram infecções agudas graves. Os modelos de aprendizagem automática também analisaram dados genéticos para identificar predisposições genéticas que podem tornar certos indivíduos mais susceptíveis à COVID-19 a longo prazo. Por exemplo, as variações genéticas nos genes de resposta imunitária ou nos genes relacionados com as vias inflamatórias podem explicar a razão pela qual algumas pessoas têm maior probabilidade de desenvolver sintomas persistentes.

Além disso, foram utilizadas abordagens baseadas em redes, tais como redes de co-expressão de genes, para compreender os mecanismos biológicos subjacentes à COVID-19 longa. Estes métodos revelaram que a COVID longa pode envolver desregulação em múltiplos sistemas de órgãos, incluindo os sistemas cardiovascular, nervoso e imunitário, fornecendo informações cruciais para futuros tratamentos.

7.2 Modelos de previsão para COVID longa

Prever quais os indivíduos com maior probabilidade de desenvolver COVID a longo prazo tem sido uma área crítica de investigação. Os modelos de aprendizagem automática foram treinados com base nos dados dos doentes para prever os resultados a longo prazo com base em factores como a gravidade da infeção inicial, as comorbilidades e a predisposição genética. Os modelos preditivos foram aperfeiçoados para melhorar a precisão, permitindo aos prestadores de cuidados de saúde identificar precocemente os doentes de alto risco e adaptar as estratégias de tratamento.

Ao incorporar caraterísticas como a idade, o sexo, os marcadores clínicos e os registos de internamento hospitalar, estes modelos ajudaram a quantificar a probabilidade de efeitos a longo prazo na saúde e a estimar a duração dos sintomas. Por exemplo, os modelos podem prever a duração da fadiga ou da disfunção cognitiva, ajudando na afetação de recursos para reabilitação e cuidados de longa duração.

Paralelamente, as plataformas baseadas em IA analisaram relatórios de longos registos de doentes com COVID-19, que foram criados para acompanhar o progresso dos indivíduos afectados ao longo do tempo. Os dados longitudinais destes registos foram utilizados para monitorizar a progressão dos sintomas, a resposta ao tratamento e as trajectórias de recuperação. Esta investigação em curso tem sido crucial no desenvolvimento de novos critérios de diagnóstico e protocolos de tratamento para a COVID-19 de longa duração, abrindo caminho para abordagens de medicina personalizada.

8. Desafios e limitações

8.1 Qualidade e disponibilidade dos dados

Embora as ferramentas computacionais tenham permitido enormes avanços na resposta à pandemia, a qualidade e a disponibilidade dos dados impedem frequentemente a sua eficácia. Um dos principais desafios durante a pandemia da COVID-19 foi a rápida acumulação de dados provenientes de diversas fontes, incluindo estabelecimentos de saúde, agências governamentais e investigadores individuais. No entanto, os dados recolhidos nas fases iniciais da pandemia eram frequentemente incompletos, inconsistentes ou imprecisos, o que dificultava a obtenção de conclusões fiáveis.

A análise foi dificultada pela falta de práticas de notificação padronizadas entre países, variações na disponibilidade de testes e métodos inconsistentes de introdução de dados nos sistemas de saúde. Em particular, os dados de diagnóstico da COVID-19, tais como os resultados dos testes PCR, eram por vezes imprecisos devido a erros nos testes ou a atrasos no processamento dos resultados. Além disso, o elevado volume do fluxo diário de dados tornava difícil para os investigadores limpar e pré-processar os dados em tempo real.

Além disso, as preocupações com a privacidade dos dados dos doentes sempre constituíram um obstáculo significativo. Garantir que os dados dos doentes utilizados em estudos computacionais cumprem as normas éticas e os regulamentos de privacidade, como o GDPR (Regulamento Geral sobre a Proteção de Dados) na

Europa ou a HIPAA (Lei da Portabilidade e Responsabilidade dos Seguros de Saúde) nos EUA, continuou a ser um desafio permanente durante a pandemia.

8.2 Exatidão e pressupostos do modelo

Os modelos computacionais, especialmente em epidemiologia, baseiam-se frequentemente em pressupostos como taxas de transmissão constantes, mistura uniforme da população e níveis de imunidade homogéneos, que nem sempre correspondem à complexidade do mundo real. Por exemplo, os primeiros modelos de previsão da pandemia de COVID-19 baseavam-se no pressuposto de que todas as pessoas de uma população tinham o mesmo risco de infeção, o que se revelou impreciso, uma vez que certos grupos demográficos (como os adultos mais velhos e os indivíduos com doenças subjacentes) eram mais susceptíveis a doenças graves.

Do mesmo modo, os primeiros modelos utilizavam normalmente representações idealizadas do comportamento humano e das interações sociais, que nem sempre reflectiam as diversas formas como os indivíduos aderiam às medidas de saúde pública, como o confinamento, o uso de máscaras e o distanciamento social. Com o tempo, os modeladores aperfeiçoaram os seus pressupostos, incorporando dados mais granulares sobre o comportamento, a disponibilidade de recursos de saúde e as taxas de mutação viral. No entanto, estes pressupostos simplificados resultaram frequentemente em discrepâncias entre as previsões do modelo e os resultados no mundo real.

8.3 Considerações éticas

A inteligência artificial e a aprendizagem automática nos cuidados de saúde suscitam inúmeras preocupações éticas, nomeadamente no que diz respeito à transparência, parcialidade e responsabilidade. Uma das questões críticas é o potencial de enviesamento algorítmico, que pode exacerbar as disparidades de saúde existentes. Os modelos de IA treinados com base em dados históricos que incluem preconceitos - como preconceitos raciais, socioeconómicos ou geográficos - podem inadvertidamente perpetuar estas desigualdades nas decisões relativas aos cuidados de saúde.

Por exemplo, os primeiros modelos preditivos para a triagem da COVID-19 e a afetação de recursos foram criticados por serem tendenciosos em relação a determinados grupos, negligenciando frequentemente as populações sub-representadas. Garantir que esses modelos sejam inclusivos, justos e imparciais é um desafio ético fundamental.

Além disso, a utilização de dados pessoais de saúde, nomeadamente quando integrados em sistemas baseados em IA, suscita preocupações em matéria de privacidade e segurança dos dados. Garantir que a partilha e a utilização de dados cumprem as orientações éticas é crucial para manter a confiança do público nas ferramentas computacionais de cuidados de saúde. Além disso, as considerações éticas na modelação preditiva devem ter em conta as consequências de previsões incorrectas, tais como quarentenas desnecessárias ou a atribuição incorrecta de recursos médicos.

9. Direcções futuras

9.1 Integração da computação quântica

A computação quântica está pronta a desempenhar um papel transformador no futuro da biologia computacional e dos cuidados de saúde. A computação clássica tradicional enfrenta limitações na simulação de sistemas biológicos complexos a nível molecular e atómico, especialmente para a descoberta de medicamentos, a dobragem de proteínas e tarefas de modelização epidemiológica. A computação quântica, com a sua capacidade de processar grandes quantidades de dados em simultâneo, poderá revolucionar estas áreas, permitindo simulações mais exactas e uma computação mais rápida.

Por exemplo, os algoritmos quânticos poderiam aumentar significativamente a precisão das simulações de dinâmica molecular utilizadas na descoberta de medicamentos, permitindo o desenvolvimento de novas terapias a um ritmo acelerado. A computação quântica poderá também melhorar a modelação epidemiológica, permitindo simulações mais complexas da dinâmica de transmissão de vírus, incorporando factores como o movimento da população, o comportamento e as condições ambientais em tempo real.

No entanto, a integração da computação quântica nos cuidados de saúde e na investigação biomédica está ainda a dar os primeiros passos e há ainda muito trabalho a fazer para ultrapassar desafios técnicos, como as taxas de erro no hardware quântico e a necessidade de algoritmos especializados. No entanto, o seu potencial para fazer avançar a preparação para pandemias e a conceção de terapêuticas é imenso.

9.2 Modelos de IA melhorados

No futuro, os modelos de IA evoluirão provavelmente para integrar fontes de dados multimodais, incluindo dados genómicos, proteómicos, clínicos e ambientais, para criar uma compreensão mais abrangente da dinâmica da doença. A integração de dados de diversas fontes pode ajudar a criar modelos preditivos mais precisos e holísticos, permitindo abordagens de medicina personalizada e melhorando o desenvolvimento de vacinas e terapêuticas.

Por exemplo, os modelos de IA poderiam prever o aparecimento de novas variantes analisando dados de sequências genéticas em tempo real e considerando a forma como as mutações do vírus afectam a sua transmissibilidade, a evasão imunitária e a gravidade da doença. Estes modelos poderiam também identificar potenciais regimes de tratamento através da integração de dados de resultados clínicos com assinaturas moleculares, oferecendo soluções adaptadas a cada doente.

9.3 Partilha de dados em tempo real

A pandemia de COVID-19 pôs em evidência a necessidade de plataformas robustas e seguras para a partilha de dados relacionados com a saúde entre países e instituições. As plataformas de partilha de dados em tempo real, como as que permitem partilhar sequências genómicas virais através do GISAID, revelaram-se inestimáveis para acompanhar a evolução do vírus e a resposta às intervenções.

No futuro, o desenvolvimento de sistemas de partilha de dados interoperáveis e que preservem a privacidade será fundamental para gerir crises de saúde globais. As tecnologias Blockchain e a aprendizagem federada, que permitem a partilha segura e descentralizada de dados e a formação de modelos, poderão desempenhar um papel central na superação das preocupações com a privacidade e a segurança, permitindo simultaneamente a colaboração em tempo real entre investigadores e profissionais de saúde em todo o mundo.

10. Conclusão

O trabalho computacional realizado durante a pandemia de COVID-19 tem sido um testemunho do potencial da tecnologia para transformar as respostas da saúde mundial. Foram utilizadas ferramentas computacionais para acelerar a descoberta de medicamentos, otimizar a conceção de vacinas, prever a propagação de doenças e compreender os efeitos a longo prazo, como a COVID-19. Apesar dos desafios relacionados com a qualidade dos dados, os pressupostos dos modelos e as considerações éticas, a aplicação da IA, da aprendizagem automática e de outras metodologias computacionais demonstrou o seu valor fundamental na gestão da pandemia e na atenuação dos seus efeitos.

À medida que o mundo continua a combater a COVID-19 e a preparar-se para futuras pandemias, as lições aprendidas durante esta crise irão, sem dúvida, moldar a próxima geração de ferramentas e metodologias computacionais. A integração da computação quântica, a análise multimodal baseada na IA e a partilha de dados em tempo real abrirão caminho a futuras respostas mais eficientes, equitativas e eficazes em matéria de saúde mundial. Com os avanços contínuos da ciência computacional, podemos esperar gerir e prevenir os impactos devastadores das futuras crises sanitárias mundiais.

Agradecimentos

Rohit Singh está grato à Universidade CSJM, Kanpur, Índia, pelo apoio financeiro concedido ao abrigo do C. V. Raman Minor Project Scheme [CSJMU/P&C/CVR/314//2024].

Referências

1. Lu, R., et al. (2020). Caracterização genômica e epidemiologia do novo coronavírus 2019: implicações para as origens do vírus e ligação ao recetor. The Lancet, 395(10224), 565574. (https://doi.org/10.1016/S01406736(20)302518)
2. Shu, Y., & McCauley, J. (2017). GISAID: Iniciativa global para partilhar todos os dados sobre a gripe - da visão à realidade. EuroSurveillance, 22(13), 30494. (https://doi.org/10.2807/15607917.ES.2017.22.13.30494)
3. Jumper, J., et al. (2021). Previsão de estrutura de proteína altamente precisa com AlphaFold. Nature, 596(7873), 583-589. (https://doi.org/10.1038/s41586021038192)
4. Wrapp, D., et al. (2020). Estrutura CryoEM do pico 2019nCoV na conformação de pré-fusão. Science, 367(6483), 12601263. (https://doi.org/10.1126/science.abb2507)
5. Broughton, J. P., et al. (2020). Deteção baseada em CRISPR-Cas12 de SARSCoV2. Nature Biotechnology, 38(7), 870-874. (https://doi.org/10.1038/s4158702005134)
6. Ardakani, A. A., et al. (2020). Aplicação da técnica de aprendizagem profunda para gerir a COVID-19 na prática clínica de rotina utilizando imagens de TC: Resultados de 10 redes neurais convolucionais. Computadores em Biologia e Medicina, 121, 103795. (https://doi.org/10.1016/_j.compbiomed.2020.103795)
7. Zhang, Q., et al. (2020). Um mapa de interação de proteínas SARSCoV2 revela alvos para reaproveitamento de drogas. Nature, 583(7816), 459-468. (https://doi.org/10.1038/s4158602022869)
8. Trott, O., & Olson, A. J. (2010). AutoDock Vina: Melhorar a velocidade e a precisão da ancoragem com uma nova função de pontuação, otimização eficiente e multithreading. Journal of Computational Chemistry, 31(2), 455-461. (https://doi.org/10.1002/jcc.21334)
9. Corbett, K. S., et al. (2020). Projeto de vacina de mRNA SARSCoV2 habilitado por preparação de protótipo de patógeno. Nature, 586(7830), 567-

571. (https://doi.org/10.1038/s4158602026220)

10. Grifoni, A., et al. (2020). Uma abordagem de homologia de sequência e bioinformática pode prever alvos candidatos para respostas imunológicas ao SARSCoV2. Cell Host & Microbe, 27(4), 671-680.e2. (https://doi.org/10.1016Zj.chom.2020.03.002)
11. Ferguson, N. M., et al. (2020). Impacto das intervenções não farmacêuticas (NPIs) para reduzir a mortalidade por COVID-19 e a demanda por cuidados de saúde. Imperial College London. (https://doi.org/10.25561/77482)
12. Chinazzi, M., et al. (2020). O efeito das restrições de viagem na propagação do novo surto de coronavírus de 2019 (COVID-19). Science, 368(6489), 395-400. (https://doi.org/10.1126/science.aba9757)
13. Ferretti, L., et al. (2020). A quantificação da transmissão do SARSCoV2 sugere o controlo da epidemia com rastreio digital de contactos. Science, 368(6491), eabb6936. (https://doi.org/10.1126/science.abb6936)
14. Whitelaw, S., et al. (2020). Aplicações da tecnologia digital no planeamento e resposta à pandemia de COVID-19. The Lancet Digital Health, 2(8), e435-e440. (https://doi.org/10.1016/S25897500(20)301424)
15. Morley, J., et al. (2020). A ética da IA nos cuidados de saúde: A mapping review. Social Science & Medicine, 260, 113172. https://doi.org/10.1016/j.socscimed.2020.113172)
16. Naudé, W. (2020). Inteligência artificial contra COVID-19: An early review. Documentos de discussão do IZA. https://doi.org/10.2139/ssrn.3568314)
17. IEDB: Base de dados e recurso de análise de epítopos imunitários. [https://www.iedb.org] (https://www.iedb.org)
18. Nextstrain: Acompanhamento em tempo real da evolução dos agentes patogénicos. https://nextstrain.org
19. Wu, F., et al. (2020). Um novo coronavírus associado à doença respiratória humana na China. Nature, 579(7798), 265-269. (https://doi.org/10.1038/s4158602020083)
20. Hadfield, J., et al. (2018). Nextstrain: rastreamento em tempo real da evolução do patógeno. Bioinformática, 34(23), 4121-4123.

(https://doi.org/10.1093/bioinformatics/bty407)

21. Callaway, E. (2020). A corrida às vacinas contra o coronavírus: um guia gráfico. Nature, 580(7805), 576-577. (https://doi.org/10.1038/d41586020012 21y)

22. Durrant, J. D., & McCammon, J. A. (2011). Simulações de dinâmica molecular e descoberta de medicamentos. BMC Biology, 9(1), 71. (https://doi.org/10.1186/17417007971)

23. Zhang, Y., et al. (2021). Teste molecular rápido para SARSCoV2 em condições clínicas simuladas. Nature Communications, 12(1), 778. (https://doi.org/10.1038/s4146702020484y)

24. Ghosh, A. K., et al. (2020). Desenvolvimento de medicamentos e esforços de química medicinal para a terapêutica SARScoronavirus e COVID-19. ChemMedChem, 15(11), 907-932. (https://doi.org/10.1002/cmdc.202000223)

25. Stoddard, S. V., et al. (2020). Regras de otimização para inibidores SARSCoV2 Mpro. Bioorganic & Medicinal Chemistry, 28(17), 115687. (https://doi.org/10.1016/_j.bmc.2020.115687)

26. Pardi, N., et al. (2018). vacinas de mRNA - uma nova era na vacinologia. Nature Reviews Drug Discovery, 17(4), 261-279. (https://doi.org/10.1038/nrd.2017.243)

27. He, Y., et al. (2020). Vacinas de peptídeos baseadas em epítopos previstas contra a nova doença de coronavírus causada por SARSCoV2. Virus Research, 288, 198082. (https://doi.org/10.1016/_j.virusres.2020.198082)

28. Eubank, S., et al. (2020). Modelação de surtos de doenças em redes sociais urbanas realistas. Nature, 429(6988), 180-184. (https://doi.org/10.1038/nature02541)

29. Vespignani, A., et al. (2020). Modelagem COVID-19. Nature Reviews Physics, 2(6), 279-281. (https://doi .org/10.1038/s4225402001784)

30. Zhou, Q., et al. (2021). Considerações éticas nos cuidados de saúde orientados para a IA: lições da pandemia de COVID-19. Jornal de Ética Médica, 47(3), 205-211. (https://doi.org/10.1136/medethics2020106660)

31. BLAST: Ferramenta básica de pesquisa de alinhamento local. https://blast.ncbi.nlm.nih.gov/Blast.cgi
32. Rosetta: suite de previsão e modelação da estrutura das proteínas. https://www.rosettacommons.org
33. Painel de controlo da COVID-19 da OMS. [https://COVID-19.who.int](https://COVID- 19.who.int)

Conceito de Saúde e Doença em Naturopatia e Yoga Terapia

Archana Dixit [1], Rachna Prakash [2], D.K.Awasthi [3], & Shailendra Kumar Shukla [4]msarchanashukla@gmail.com ([1]),rachna.rs.rs@gmail.com -[2]),dkawasthi5@gmail.com -[3]) eshailendrashukla1000awr@gmail.com ([4])

Dayanand Girls P.G. College, Kanpur (1) e (2)

Colégio Sri J.N.P.G, Lucknow (3) e Colégio DBS, Kanpur (4)

Resumo

A Naturopatia é um tipo distinto de medicina de cuidados primários que combina tradições de cura ancestrais com avanços científicos e investigação atual. É orientada por um conjunto único de princípios que reconhecem a capacidade de cura inata do corpo, enfatizam a prevenção de doenças e incentivam a responsabilidade individual para obter uma saúde óptima.

A Naturopatia adopta uma abordagem holística do bem-estar. A Naturopatia ajuda uma pessoa a viver um estilo de vida saudável. Os fundamentos da naturopatia baseiam-se na importância de uma dieta saudável, água limpa e fresca, luz solar, exercício físico e gestão do stress.

A Naturopatia tem como objetivo educar a pessoa para cuidar da sua própria saúde e da saúde da sua família, minimizando os sintomas de qualquer doença, apoiando a capacidade de cura do corpo e equilibrando o corpo para que seja menos provável a ocorrência de doenças no futuro.

A saúde e o bem-estar são fundamentais para melhorar a qualidade de vida do indivíduo. A Naturopatia é uma forma de manter uma boa saúde e funciona como técnica preventiva e curativa para erradicar uma doença ou manter o bem-estar. A naturopatia tem por objetivo melhorar o bem-estar geral do organismo e a maior parte das suas técnicas visam reforçar as tendências de auto-cura do organismo. Os princípios das técnicas naturopáticas incluem a concentração no poder curativo da natureza, os profissionais de saúde como professores, o tratamento da causa da doença, o tratamento preventivo e a concentração no bem-estar geral da pessoa. Neste documento, todas as abordagens naturopáticas, como a fitoterapia, as mensagens, etc., serão discutidas em profundidade. Existem várias técnicas de naturopatia, como a Ayurveda, a medicina Unani, o Ioga e a meditação, a cromoterapia, etc., que também serão discutidas em pormenor neste documento. A naturopatia pode ser eficaz na cura de várias doenças, tais como várias formas de alergias, artrite, problemas digestivos, depressão e outros problemas mentais, infertilidade e imunidade reduzida.

Palavras-chave: Naturopatia, bem-estar, Ayurveda, cromoterapia.

INTRODUÇÃO

O Yoga e a Naturopatia desempenham um papel importante na manutenção de uma saúde correta e na prevenção do processo de envelhecimento. Ao longo dos anos, foram desenvolvidos vários sistemas de Yoga e Naturopatia. Os mais populares e antigos entre eles são as terapias de Ioga e Naturopatia. O ioga é um meio de alcançar uma saúde perfeita, mantendo a harmonia e atingindo um funcionamento ótimo nos três níveis - físico, mental e espiritual - através de um autocontrolo completo. Melhora a circulação e as energias e estimula as principais glândulas endócrinas do corpo. Os exercícios iogues promovem a saúde e a harmonia e a sua prática regular ajuda a prevenir e a curar muitas doenças comuns. A cura natural começou a dar uma nova vida às pessoas da nova era. Combinado com a bondade da natureza e com princípios de cura exclusivos, o ioga e a meditação tratam as doenças que conduzem a uma saúde óptima e à humidade a longo prazo. O tratamento naturopático é uma combinação de remédios naturais, ervas, meditação, ioga e modificações no estilo de vida.

A Naturopatia é uma técnica de medicina de cuidados de saúde primários que engloba os tratamentos médicos tradicionais com os tratamentos modernos da ciência e investigação avançadas. É um processo vivo que inclui a saúde e o bem-estar humanos, dando ênfase ao reforço da imunidade e à prevenção de doenças.

Os tratamentos podem assumir a forma de regulação da dieta, controlo nutricional, hidroterapia, homeopatia, Ayurveda, alguns medicamentos e algumas pequenas cirurgias. O principal objetivo de qualquer tratamento naturopático não é apenas curar uma doença, mas também melhorar a saúde geral da mente e do corpo. Outro aspeto importante da naturopatia é o facto de poder ser personalizada de acordo com as necessidades e os sintomas de um doente individual. O tratamento pode variar de doença para doença e de pessoa para pessoa[1]. O bem-estar completo de um indivíduo é alcançado através dos esforços dos tratamentos naturopáticos que integram o bem-estar dos aspectos físicos, emocionais e psicológicos da saúde humana. A naturopatia é um sistema que segue uma abordagem holística para o tratamento de qualquer doença do corpo humano. Trabalha com uma variedade de tratamentos que vão desde terapias à base de plantas a tratamentos medicinais, porque funciona com base no princípio de que o corpo humano tem a capacidade de se curar a si próprio. O corpo só precisa de alguma ajuda de fontes externas para acelerar o processo de cura. Contrasta com o sistema de medicina convencional que se centra principalmente nos sintomas de qualquer doença e na sua cura[2]. No entanto, a naturopatia integra vários aspectos da saúde humana e tem como objetivo melhorar a saúde e o bem-estar geral do indivíduo. Por esta razão, o tratamento naturopático centra-se na construção de um sistema imunitário forte que tenha a capacidade de lutar contra qualquer infeção que possa potencialmente conduzir a uma doença. Por conseguinte, a naturopatia promove uma dieta saudável, o exercício físico, o ioga e a meditação, em vez de depender completamente apenas de medicamentos[3].

A American Association of Naturopathic Physicians (AANP) define a medicina naturopática como:

"Um sistema distinto de cuidados de saúde primários - uma arte, ciência, filosofia e prática de diagnóstico, tratamento e prevenção de doenças. A medicina naturopática distingue-se pelos princípios em que se baseia a sua prática. Estes princípios são continuamente reexaminados à luz dos avanços científicos. As técnicas da medicina naturopática incluem métodos modernos e tradicionais, científicos e empíricos" (AANP, 1998).5

Princípios de cura da Naturopatia e do Yoga

A prática da medicina naturopática emerge de seis princípios de cura.

Estes princípios baseiam-se na observação objetiva da natureza da saúde e da doença e são continuamente examinados à luz da análise científica. Estes princípios constituem os sinais distintivos da profissão.

O poder curativo da natureza - *vis medicatrix naturae*

O corpo tem a capacidade inerente de estabelecer, manter e restaurar a saúde. O processo de cura é ordenado e inteligente; a natureza cura através da resposta da força vital. O papel do médico é facilitar e aumentar este processo, identificar e remover os obstáculos à saúde e à recuperação e apoiar a criação de um ambiente interno e externo saudável.

Identificar e tratar a causa - *tolle causam*

A doença não ocorre sem causa. As causas subjacentes à doença devem ser descobertas e removidas ou tratadas antes de uma pessoa poder recuperar completamente da doença. Os sintomas são expressões da tentativa do corpo de se curar, mas não são a causa da doença; por isso, a medicina naturopática aborda principalmente as causas subjacentes da doença, e não os sintomas. As causas podem ocorrer a muitos níveis, incluindo físico, mental-emocional e espiritual. O médico deve avaliar as causas subjacentes fundamentais a todos os níveis, dirigindo o tratamento para as causas profundas e procurando aliviar os sintomas.

Primeiro, não causar danos - *primum no nocere*

O processo de cura inclui a geração de sintomas, que são, de facto, expressões da força vital que tenta curar-se a si própria. As acções terapêuticas devem ser complementares e sinérgicas a este processo de cura. As acções do médico podem apoiar ou antagonizar as acções da vis medicatrix naturae; por conseguinte, os métodos destinados a suprimir os sintomas sem remover as causas subjacentes são considerados prejudiciais e são evitados ou minimizados.

Tratar a pessoa no seu todo - in perturbato animo sicut in corpore sanitas esse

non potest

A saúde e a doença são condições de todo o organismo, envolvendo uma interação complexa de factores físicos, espirituais, mentais, emocionais, genéticos, ambientais e sociais. O médico deve tratar a pessoa no seu todo, tendo em conta todos estes factores. O funcionamento harmonioso de todos os aspectos do indivíduo é essencial para a recuperação e prevenção da doença e requer uma abordagem personalizada e abrangente do diagnóstico e do tratamento.

O médico como professor - *docere*

Para além de um diagnóstico preciso e de uma prescrição adequada, o médico deve esforçar-se por criar uma relação interpessoal saudável e sensível com o doente. Uma relação médico-doente cooperante tem um valor terapêutico inerente. O principal papel do médico é educar e encorajar o doente a assumir a responsabilidade pela sua própria saúde. O médico é um catalisador de mudanças saudáveis, capacitando e motivando o paciente a assumir a responsabilidade. É o doente, e não o médico, que, em última análise, cria ou realiza a cura. O médico deve esforçar-se por inspirar esperança, bem como compreensão. O médico deve também empenhar-se no seu desenvolvimento pessoal e espiritual.

Prevenção - principiis obsta: sero medicina curatur

O objetivo final da medicina naturopática é a prevenção. Este objetivo é alcançado através da educação e da promoção de hábitos de vida que promovam uma boa saúde. O médico avalia os factores de risco e a suscetibilidade hereditária à doença e faz as intervenções adequadas para evitar mais danos e riscos para o doente. A tónica é colocada na construção da saúde e não no combate à doença. Uma vez que é difícil ser saudável num mundo pouco saudável, é da responsabilidade tanto do médico como do doente criar um ambiente mais saudável para viver.

Abordagens Naturopáticas 6-9:

Seguem-se algumas das abordagens que podem ser utilizadas no âmbito dos tratamentos naturopáticos

Conselhos dietéticos - Seguir uma dieta equilibrada e correta é uma forma eficaz de manter o corpo e a mente saudáveis. Há muitas doenças que resultam da falta de uma dieta adequada no corpo. Por isso, é preciso ter em mente que, para ter um corpo saudável, deve ser ingerida uma quantidade adequada de dieta saudável, apropriada para cada indivíduo, consoante a idade, o peso ou quaisquer complicações de saúde.

Remédios à base de ervas - Outra forma de abordar um corpo saudável ou de curar uma doença é através de remédios à base de ervas. Durante muitos anos, os médicos tradicionais utilizaram as ervas medicinais como fonte de tratamento de várias doenças graves e ligeiras, como a constipação e a tosse, a tuberculose, a diarreia, etc.

Hidroterapia - O corpo humano é constituído por 70% de água. Isto significa que a água desempenha um papel significativo na saúde e no bem-estar geral de um indivíduo. Diz-se que a água tem muitas propriedades que, utilizadas eficazmente, são capazes de curar várias doenças do corpo humano.

Iridologia - A iridologia é a abordagem através da qual a íris do olho humano é analisada para identificar qualquer doença ou enfermidade presente no corpo. Acredita-se que, ao estudar a íris de um indivíduo, os médicos podem identificar muitas doenças que podem estar presentes no corpo humano.

Massagem - A massagem é uma abordagem eficaz da naturopatia que ajuda a curar vários problemas relacionados com a saúde, como dores nas articulações, entorses, dores de cabeça, etc. Massajar qualquer parte do corpo aumenta o fluxo de sangue nessa região, reduzindo assim o stress do sistema nervoso.

Suplementos nutricionais - A maioria das doenças encontradas no corpo humano deve-se à deficiência de uma ou mais vitaminas ou proteínas, etc., pelo que uma quantidade adequada de nutrição é essencial para manter um corpo e uma mente saudáveis. Em caso de indisponibilidade destes nutrientes na forma natural, os médicos recomendam também os seus suplementos, que são mais fáceis de consumir e mais acessíveis nos dias de hoje.

Osteopatia - É uma terapia manual que envolve ossos, músculos e tecidos para curar doenças através da simples manipulação da estrutura músculo-esquelética. Esta abordagem é isenta de medicamentos e centra-se no tratamento externo de problemas de saúde como as dores de costas.

Harmonia do yoga:

A investigação extensiva sobre o Yoga, que está a ser feita em todos os espaços, tem-se revelado promissora no que se refere a várias perturbações e doenças que parecem ser compatíveis com a terapia do Yoga. Estas incluem distúrbios psicossomáticos, distúrbios de stress, asma, diabetes, hipertensão, úlcera gastro intestinal, aterosclerose, distúrbios convulsivos, dores de cabeça, doenças cardíacas, doenças pulmonares e distúrbios psiquiátricos como distúrbios de ansiedade, distúrbios obsessivo-compulsivos, depressão. As perturbações músculo-esqueléticas, como o lumbago, a espondilose, a ciática e o síndrome do túnel do carpo, são frequentemente tratadas de forma eficaz com práticas de Ioga que proporcionam uma melhor esperança em perturbações metabólicas, como as perturbações da tiroide e endócrinas, as perturbações imunitárias, a obesidade e o síndrome metabólico. O ioga reduz o risco de doenças cardiovasculares através da ativação parassimpática. Está bem estabelecido que o stress enfraquece o nosso sistema metabólico e imunitário. Nos últimos tempos, a investigação científica demonstrou que os efeitos psicológicos e bioquímicos do Ioga são de natureza anti-stress. Os mecanismos postulados incluem a restauração do equilíbrio autonómico, bem como uma melhoria das capacidades de restauração, regeneração e reabilitação das vidas individuais. A longevidade é inevitável e o Yoga pode ajudar-nos a envelhecer graciosamente. A medicina moderna tenta ajudar a retardar o envelhecimento e ajudar as pessoas a ter uma melhor aparência através de cirurgias dispendiosas. Uma dieta equilibrada, exercício físico regular, hábitos positivos e um estilo de vida saudável podem ajudar-nos a envelhecer com dignidade. O Yoga também pode ajudar a manter e a melhorar a saúde mental e a prevenir doenças como a doença de Parkinson, a doença de Alzheimer e várias outras doenças.10

Abordagem integrada do yoga:

O Yoga compreende a influência da mente sobre o corpo, assim como a do corpo sobre a mente. É interessante que a medicina moderna só se tenha apercebido desta ligação nos últimos cem anos. Os conceitos e técnicas do yoga permitem o desenvolvimento de atitudes corretas perante a vida e permitem-nos corrigir os numerosos desequilíbrios internos e externos que sofremos devido ao nosso estilo de vida impróprio/genético. Limpa as toxinas acumuladas através de vários kriyas yogues e gera uma forma de leveza relaxada. O fluxo livre em todas as passagens corporais previne as muitas infecções que podem ocorrer quando os agentes patogénicos entram nelas. O estilo de vida iogue, com uma dieta nutritiva adequada, cria uma melhoria positiva dos antioxidantes, neutralizando assim os radicais livres no corpo. Mantém o corpo inteiro estável através de diferentes posturas físicas mantidas de forma estável e suave, sem esforço. O equilíbrio físico e uma forma de estar à vontade consigo próprio melhoram o equilíbrio mental/emocional e permitem que todos os processos fisiológicos ocorram de forma saudável. Mecanismos respiratórios através de padrões de respiração que geram energia e aumentam a estabilidade emocional. A mente e as emoções estão correlacionadas com o nosso padrão de respiração e, por conseguinte, o abrandamento do processo respiratório influencia o funcionamento autonómico, os processos metabólicos e as respostas emocionais. Concentra a mente de forma positiva nas actividades que estão a ser realizadas, aumentando assim o fluxo de energia e a circulação saudável resultante para todos os órgãos e partes internas do corpo. Relaxa o complexo corpo-emoção-mente através de técnicas físicas e mentais que aumentam a longevidade da vida. Para além das suas capacidades preventivas e restauradoras, promove uma saúde positiva durante toda a vida. Este conceito de saúde positiva é um dos contributos únicos do Yoga para os cuidados de saúde modernos, uma vez que o Yoga tem um papel tanto preventivo como promocional nos cuidados de saúde. É também pouco dispendioso e deve ser utilizado em conjunto com outros sistemas de tratamento de forma integrada para os pacientes. 11,12

Dieta **equilibrada**

Dietoterapia:- A medicina moderna e a Naturopatia podem ajudar a dar a um doente, bem como a uma pessoa normal, os valores holísticos corretos de uma dieta adequada. A investigação moderna mostra-nos a vantagem do estudo da "decomposição" dos alimentos com base nas suas propriedades físicas e químicas. Isto é importante para a pessoa compreender qual a proporção de cada constituinte dos alimentos que deve ser ingerida na quantidade e forma adequadas. A Naturopatia também nos ensina sobre a abordagem da alimentação, os tipos de alimentos, bem como a importância dos horários e da moderação na dieta. Uma combinação dos aspectos actuais da alimentação com uma dose de pensamento iogue pode ajudar-nos a comer não só as coisas adequadas, mas também da forma correta e na altura certa, assegurando assim uma melhor saúde e longevidade. A Naturopatia enfatiza a importância não só de comer a escolha correta de alimentos, mas também a quantidade equilibrada e com uma atitude sistemática. 13 De acordo com este conceito, os alimentos devem ser ingeridos na sua forma natural. Os frutos frescos da época, os legumes frescos de folha verde e os rebentos são excelentes. Estes regimes alimentares classificam-se principalmente em três tipos: i)

Líquidos **da dieta de eliminação** - sumos de limão, sumos cítricos, água de coco, sopas de legumes, leite de manteiga, sumos de erva de trigo, etc.

ii) **Dieta calmante** Frutas, saladas, legumes cozidos/cozidos a vapor, rebentos, chutney de legumes, etc.
iii) **Dieta construtiva** Farinha, arroz não polido, leguminosas, rebentos, requeijão, etc. Sendo alcalinas, estas dietas ajudam a melhorar a saúde, a purificar e a desintoxicar o organismo e a torná-lo mais imune às doenças. Para manter a saúde, a nossa dieta deve ser composta por 20% de alimentos ácidos e 80% de alimentos alcalinos, sendo necessária uma combinação adequada de alimentos.

Terapia com **lama**: - A terapia com lama é muito simples e eficaz. A lama utilizada para o efeito deve ser limpa e retirada a uma profundidade de 3 a 4 pés da superfície do solo. A lama é um dos cinco elementos da natureza com melhor impacto no corpo, tanto na saúde como na doença. Pode ser empregue convenientemente como agente terapêutico no tratamento Naturopático, uma vez que a sua cor preta absorve todas as cores do sol e as trata facilmente no corpo. Os efeitos da lama são descritos como refrescantes, revigorantes e vitalizantes. Para feridas e doenças de pele, a aplicação de lama é o verdadeiro curativo. A terapia com lama é utilizada para dar frescura ao corpo. Liberta e absorve as substâncias tóxicas do corpo e, por fim, elimina-as de todas as partes do corpo. A lama é utilizada com sucesso em doenças como a obstipação, dores de cabeça, tensão arterial elevada, doenças de pele, etc.14

Hidroterapia:- A água é também um método antigo de tratamento como a terapia do cólon. Tomar banho com água limpa e fria é uma excelente forma de hidroterapia e abre todos os poros da pele, tornando o corpo leve e fresco. No banho frio, todos os sistemas e músculos do corpo são activados e melhora a circulação sanguínea. O antigo banho em rios, lagoas ou cascatas em ocasiões específicas é praticamente uma forma natural de hidroterapia. O banho de anca/pandu, o enema, a fomentação quente e fria, o banho de pés, o banho de coluna, o banho de vapor, o banho de imersão, as compressas quentes e frias no abdómen, no peito e noutras partes do corpo são os tratamentos terapêuticos da hidroterapia. A hidroterapia é utilizada principalmente para preservar a saúde e curar diferentes tipos de doenças de carácter bilioso. 15,16.

Massagem **terapêutica:**- A massagem é também uma modalidade da Naturopatia e bastante essencial para manter uma saúde melhor. O seu objetivo é melhorar a circulação sanguínea e fortalecer os órgãos do corpo. No inverno, o banho de sol depois de massajar o corpo é uma boa prática para preservar a saúde e a força. É benéfico para todos. A massagem pode ser um substituto do exercício físico para aqueles que não o podem fazer. São utilizados vários óleos como lubrificantes, como o óleo de mostarda, o óleo de sésamo, o óleo de coco, o azeite, os óleos aromáticos, etc., que também têm efeitos terapêuticos. Ativa os músculos e o sistema corporal. Útil na tensão arterial, perturbações das articulações, paralisia, depressão, condições dolorosas localizadas ou generalizadas, fraqueza, indigestão e obesidade.17,18.

Tratamento Unani

A forma de tratamento Unani é também um método natural em que vários produtos vegetais naturais são utilizados como medicamento para curar várias doenças. Este sistema de medicina teve origem nas culturas árabe e persa pelas comunidades islâmicas. Este sistema baseia-se na filosofia grega dos humores do corpo, que são a fleuma, o sangue e a bílis, etc. Para o fabrico dos medicamentos são utilizados produtos naturais.

Tratamento de cor

Este tratamento é também designado por cromoterapia. Baseia-se no conceito de que os 7 componentes da luz branca do sol têm efeitos terapêuticos diferentes consoante as cores, ou seja, VIBGYOR (violeta, índigo, azul, verde, amarelo, laranja, vermelho). A água e o óleo expostos ao sol durante horas específicas em garrafas e copos coloridos são utilizados como dispositivos de Cromoterapia para tratar diferentes doenças.

Banho de sol: A terapia do banho de sol é uma forma natural de curar diferentes problemas de saúde. A luz solar ajuda a regular a produção de melatonina no corpo, que é necessária para manter os ritmos circadianos do corpo. A melatonina é uma hormona essencial libertada pela glândula pineal do nosso cérebro. Esta hormona regula o nosso ciclo de sono e vigília.

Acupressão: A acupressão é uma antiga arte de cura que utiliza os dedos ou quaisquer objectos embotados para pressionar pontos-chave chamados "Pontos Acu" (pontos de armazenamento de energia) na superfície da pele de forma rítmica para estimular as capacidades naturais de auto-cura do corpo. Quando estes pontos são pressionados, libertam a tensão muscular e promovem a circulação do sangue e a força vital do corpo para ajudar na cura.

Conclusão

A civilização moderna conduziu a um estado anormal para os seres humanos, tanto física como mentalmente. Embora os medicamentos possam proporcionar um alívio temporário, não oferecem uma cura permanente. Práticas como o Yoga e a Naturopatia requerem um compromisso pessoal significativo e auto-disciplina. Estas abordagens ajudam a controlar os pensamentos negativos, a fomentar uma mentalidade positiva, a promover o desenvolvimento holístico da personalidade e a reforçar o bem-estar espiritual. A redução da dependência de medicamentos e cirurgias através da incorporação de terapias iogues também pode aliviar muitos problemas da vida.

A Naturopatia centra-se na manutenção de uma boa saúde e serve tanto como uma abordagem preventiva como curativa para eliminar a doença ou preservar o bem-estar. O seu principal objetivo é melhorar as capacidades naturais de cura do corpo. Os princípios da Naturopatia realçam o poder curativo da natureza, o papel dos profissionais de saúde como educadores, a abordagem das causas profundas da doença, a prevenção e a promoção da saúde em geral. Os tratamentos naturopáticos incluem medicina herbal, massagem, iridologia, hidroterapia e muito mais. Técnicas como a Ayurveda, a medicina Unani, o Yoga, a meditação e a Cromoterapia, que se baseiam em substâncias naturais de plantas e animais, são normalmente utilizadas para tratar várias doenças. A Naturopatia provou ser eficaz no tratamento de doenças como alergias, artrite, perturbações digestivas, problemas de saúde mental, infertilidade e baixa imunidade. Embora estes métodos sejam benéficos, é necessária mais investigação para obter uma compreensão mais profunda das várias técnicas naturopáticas.

REFERÊNCIAS

1. Barnes PM, Bloom B, Nahin RL. Uso de medicina complementar e alternativa entre adultos e crianças: Estados Unidos, 2007. Departamento de Saúde e Serviços

Humanos dos EUA Centros de Controlo e Prevenção de Doenças 2008; 12:1-24.

2. Fleming, S. A., & Gutknecht, N. C. (2010). Naturopatia e a prática de cuidados primários. Primary care, 37(1), 119-136. https://doi.org/10.1016/_j.pop.2009.09.002

3. Jonas WB, Kaptchuk TJ, Linde K. Uma visão crítica da homeopatia. Ann Intern Med 2003;138(5): 393- 399.

4. https://nunm.edu/academics/college-of-naturopathic-medicine/naturopathic-principles-of- healing/

5. https://www.takingcharge.csh.umn.edu/naturopathy

6. Poorman D, Kim L, Mittman P. Naturopathic medical education: Where conventional, complementary, and alternative medicine meet. Complement Health Pract Rev 2002;7(2):99- 109.

7. Rastogi R, Current approaches of Research in Naturopathy: How far is its evidence base, Journal of Homeopathy Ayurveda Medicine, 2001. 2(1)107-108.

8. Ritenbaugh C, Verhoef M, Fleishman S, et al. Whole systems research: Uma disciplina para estudar a medicina complementar e alternativa. Altern Ther Health Med 2003;9(4):32-36.

9. Smith MJ, Logan AC. Naturopatia. Med Clin North Am. 2002 Jan;86(1):173-84. doi: 10.1016/s0025-7125(03)00079-8. PMID: 11795088.

10. Joshi K, Harmonia de Yoga, Naturopatia e Ayurveda para Prevenção e Erradicação de Doenças, Int.J. Of Yoga & Allied Sci., 2016; 5(1): 44-47.

11. Gharote Dr. ML (2004). Yoga Aplicado. Pub. Kaivalyadhama, S.M.Y.M. Samiti. Handa, Pravesh. (2006). Naturopatia e Yoga. Pub. Publicações Kalpaz

12. Jindal R, Naturopatia, Publicação Arogyaseva, U.P., 2005

13. Sharma VMK, Saúde e Vida Natural, J Tradi Med Clin Natur, 2016; 5(1), 1-2.

14. Traço. B, Ayurveda A ciência da medicina tradicional indiana. Pub. Luster Press Pvt. Ltd. (2002).

15. Jindal,. Ciência da Vida Natural Pub Arogya Sewa Prakashan.2002.

16. Perumal N., Elements of Yoga, Therapy, Research and Reviews; A J of Ayu Sci, Yoga and Naturopathy, 2015; 2 (2), 4-13.

17. Sethi MK, Yoga e Naturopatia: An art of life living, International seminar on

Globalized Ayurveda : Opportunities & Challenges in next Decade - 17-19th March, 2016, ISBN : 978-81-7906-568-6, 45.

18. Sharma PV, Charaka Samhita, tradução inglesa, Vol. 1, Chau-khambha orientalia, Varanasi, 2003

Doenças - Um tabu para a saúde

Shweta Chand[1] e Jasmine Singh

[1]Professor

Departamento de Química

Colégio da Igreja de Cristo, Kanpur

drshwetachand@gmail.com

RESUMO

Uma doença é particularmente uma condição anormal que afecta negativamente a estrutura e a função de todo ou parte de um organismo. As doenças são frequentemente conhecidas como condições médicas que estão associadas a sinais e sintomas específicos. Uma doença pode ser causada por factores externos, como os agentes patogénicos, ou por disfunções internas. Por exemplo, as disfunções internas do sistema imunitário podem produzir uma variedade de doenças diferentes, incluindo várias formas de imunodeficiência, hipersensibilidade, alergias e doenças auto-imunes. As doenças podem afetar as pessoas não só fisicamente, mas também mentalmente, uma vez que contrair e viver com uma doença pode alterar a perspetiva de vida da pessoa afetada.

PALAVRAS-CHAVE: Doença, agente patogénico, sistema imunitário

INTRODUÇÃO

Nos seres humanos, a doença é frequentemente utilizada de forma mais ampla para designar qualquer condição que cause dor, disfunção, angústia, problemas sociais ou morte à pessoa afetada, ou problemas semelhantes para aqueles que estão em contacto com a pessoa. Neste sentido mais lato, inclui, por vezes, lesões, deficiências, perturbações, síndromes, infecções, sintomas isolados, comportamentos desviantes e variações atípicas da estrutura e da função, enquanto noutros contextos e para outros fins estas podem ser consideradas categorias distintas. Existem quatro tipos principais de doenças: doenças infecciosas, doenças carenciais, doenças hereditárias (incluindo doenças hereditárias genéticas e não genéticas) e doenças fisiológicas. As doenças também podem ser classificadas de outras formas, como doenças transmissíveis e não transmissíveis. As doenças mais mortais nos seres humanos são as doenças das artérias coronárias (obstrução do fluxo sanguíneo), seguidas das doenças cerebrovasculares e das infecções respiratórias inferiores. Nos países desenvolvidos, as doenças que causam mais doenças em geral são as doenças neuropsiquiátricas, como a depressão e a ansiedade.

O termo doença refere-se, em termos gerais, a qualquer condição que prejudique o funcionamento normal do organismo. Normalmente, o termo é utilizado para se referir especificamente a doenças infecciosas, que são doenças clinicamente evidentes que resultam da presença de agentes microbianos patogénicos, incluindo vírus, bactérias, fungos, protozoários, organismos multicelulares e proteínas aberrantes conhecidas como priões. Uma infeção ou colonização que não produz e não produzirá um comprometimento clinicamente evidente do funcionamento normal, como a presença de bactérias e leveduras normais no intestino, ou de um vírus passageiro, não é considerada uma doença. Em contrapartida, uma infeção que é assintomática durante o seu período de incubação, mas que se espera que venha a produzir sintomas mais tarde, é normalmente considerada uma doença. As doenças não infecciosas são todas as outras doenças, incluindo a maioria das formas de cancro, doenças cardíacas e doenças genéticas.

***Doença adquirida - Uma** doença adquirida é uma doença que teve início durante a vida, ao contrário de uma doença que já estava presente à nascença, que é uma doença congénita.

***Doença aguda - Uma** doença aguda é uma doença de curta duração (aguda); por vezes, o termo também denota uma natureza fulminante.

***Condição crónica ou doença crónica - Uma** doença crónica é uma doença que persiste ao longo do tempo, frequentemente durante pelo menos seis meses, mas pode também incluir doenças que se espera que durem toda a vida natural de uma pessoa.

***Perturbação congénita ou doença congénita -** Uma perturbação congénita é uma perturbação que está presente à nascença. Trata-se frequentemente de uma doença ou perturbação genética e pode ser hereditária. Pode também ser o resultado de uma infeção transmitida verticalmente pela mãe, como o VIH/SIDA.

***Doença genética - Uma** perturbação ou doença genética é causada por uma ou mais mutações genéticas. É frequentemente herdada, mas algumas mutações são aleatórias.

*Doença **hereditária ou hereditária - Uma** doença hereditária é um tipo de doença genética causada por mutações genéticas que são hereditárias (e que podem ocorrer em famílias)

***Perturbação - Uma perturbação** é uma anomalia ou um distúrbio funcional que pode ou não apresentar sinais e sintomas específicos. As perturbações médicas podem ser classificadas em perturbações mentais, perturbações físicas, perturbações genéticas, perturbações emocionais e comportamentais e perturbações funcionais. O termo perturbação é muitas vezes considerado mais neutro e menos estigmatizante do que os termos doença ou enfermidade, sendo por isso a terminologia preferida em algumas circunstâncias. Na saúde mental, o termo perturbação mental é utilizado como forma de reconhecer a complexa interação de factores biológicos, sociais e psicológicos nas condições psiquiátricas; no entanto, o termo perturbação é também utilizado em muitas outras áreas da medicina, principalmente para identificar perturbações físicas que não são causadas por organismos infecciosos, como as perturbações metabólicas.

***Condição médica ou estado de saúde - Uma** condição médica ou estado de saúde é um conceito amplo que inclui todas as doenças, lesões, perturbações ou condições não patológicas que normalmente recebem tratamento médico, como a gravidez ou o parto. Embora o termo condição médica inclua geralmente as doenças mentais, em alguns contextos o termo é utilizado especificamente para designar qualquer doença, lesão ou enfermidade, *exceto* as doenças mentais. O Manual de Diagnóstico e Estatística das Perturbações Mentais *(DSM),* o manual psiquiátrico amplamente utilizado que define todas as perturbações mentais, utiliza o termo condição médica geral para se referir a todas as doenças, enfermidades e lesões, com exceção das perturbações mentais. O termo "estado clínico" é também sinónimo de "estado médico", ou seja, descreve o estado atual de um doente do ponto de vista médico.

***Morbilidade - Morbilidade** (do latim morbidus, "doente, insalubre") é um estado de doença, incapacidade ou mau estado de saúde devido a qualquer causa. O termo pode referir-se à existência de qualquer forma de doença ou ao grau em que o estado de saúde afecta o doente. Entre os doentes graves, o nível de morbilidade é frequentemente medido por sistemas de pontuação na UCI. A comorbilidade, ou doença coexistente, é a presença simultânea de duas ou mais condições médicas, como a esquizofrenia e o abuso de substâncias. Em epidemiologia e ciências actuariais, o termo morbilidade (também designado por taxa de morbilidade ou *frequência de* morbilidade) pode referir-se à taxa de incidência, à prevalência de uma doença ou patologia, ou à percentagem de pessoas que sofrem de uma determinada patologia num determinado período de tempo (por exemplo, 20% das pessoas contraem gripe num ano).

***Síndroma - Um** síndroma é a associação de vários sinais e sintomas, ou outras caraterísticas que ocorrem frequentemente em conjunto, independentemente de a causa ser conhecida. Algumas síndromes, como a síndrome de Down, são conhecidas por terem apenas uma causa (um cromossoma extra à nascença). Outras, como a síndrome de Parkinson, são conhecidas por terem várias causas possíveis. A síndrome coronária aguda, por exemplo, não é uma doença única, mas sim a manifestação de várias doenças, incluindo o enfarte do miocárdio secundário à doença arterial coronária. Noutras síndromes, no entanto, a causa é desconhecida. Um nome familiar de síndrome permanece frequentemente em uso mesmo depois de ter sido encontrada uma causa subjacente ou quando existem várias causas primárias possíveis. Exemplos do primeiro tipo mencionado são o facto de a síndrome de Turner e a síndrome de DiGeorge continuarem a ser frequentemente designadas pelo nome de "síndrome", apesar de também poderem ser vistas como entidades de doença e não apenas como conjuntos de sinais e sintomas.

CAUSAS

As doenças podem ser causadas por um grande número de factores e podem ser adquiridas ou congénitas. Os microrganismos, a genética, o ambiente ou uma combinação destes factores podem contribuir para um estado de doença. Apenas algumas doenças, como a gripe, são contagiosas e geralmente consideradas infecciosas. Os microrganismos que causam estas doenças são conhecidos como agentes patogénicos e incluem variedades de bactérias, vírus, protozoários e fungos. As doenças infecciosas podem ser transmitidas, por exemplo, pelo contacto mão-boca com material infecioso em superfícies, por picadas de insectos ou outros portadores da doença, e por água ou alimentos contaminados (frequentemente através de contaminação fecal), etc. Existem também as doenças sexualmente transmissíveis. Nalguns casos, os microrganismos que não se propagam facilmente de pessoa para pessoa desempenham um papel importante, enquanto outras doenças podem ser prevenidas ou melhoradas através de uma alimentação adequada ou de outras mudanças no estilo de vida. Algumas doenças, como a maioria (mas não todas) as formas de cancro, as doenças cardíacas e as perturbações mentais, são doenças não infecciosas. Muitas doenças não infecciosas têm uma base parcial ou totalmente genética (ver doença genética) e podem, portanto, ser transmitidas de uma geração para outra.

Quando a causa de uma doença é mal compreendida, as sociedades tendem a mitificar a doença ou a utilizá-la como metáfora ou símbolo do que a cultura considera mau. Por exemplo, até à descoberta da causa bacteriana da tuberculose em 1882, os especialistas atribuíam a doença à hereditariedade, a um estilo de vida sedentário, ao humor deprimido e ao excesso de sexo, de comida rica ou de álcool, todos eles males sociais na altura.

Quando uma doença é causada por um organismo patogénico (por exemplo, quando a malária é causada pelo Plasmodium), não se deve confundir o agente patogénico (a causa da doença) com a própria doença. Por exemplo, o vírus do Nilo Ocidental (o agente patogénico) causa a febre do Nilo Ocidental (a doença). A utilização incorrecta de definições básicas em epidemiologia é frequente nas publicações científicas.

Tipos de causas - *Airborne - Uma doença transmitida pelo ar é qualquer doença causada por agentes patogénicos e transmitida pelo ar.

*Doença de origem alimentar - Doença de **origem** alimentar ou intoxicação alimentar é qualquer doença resultante do consumo de alimentos contaminados com bactérias patogénicas, toxinas, vírus, priões ou parasitas.

Doenças **infecciosas** - As doenças **infecciosas**, também conhecidas como doenças transmissíveis ou doenças transmissíveis, compreendem doenças clinicamente evidentes (ou seja, sinais médicos caraterísticos ou sintomas de doença) resultantes da infeção, presença e crescimento de agentes biológicos patogénicos num organismo hospedeiro individual. Incluem-se nesta categoria as *doenças contagiosas* - uma infeção, como a gripe ou a constipação comum, que normalmente se propaga de uma pessoa para outra - e as doenças transmissíveis - uma doença que pode propagar-se de uma pessoa para outra, mas não necessariamente através do contacto diário.

***Estilo de vida Uma** doença relacionada com o estilo de vida é qualquer doença que parece aumentar em frequência à medida que os países se tornam mais industrializados e as pessoas vivem mais tempo, especialmente se os factores de risco incluírem escolhas comportamentais como um estilo de vida sedentário ou uma dieta rica em alimentos pouco saudáveis, como hidratos de carbono refinados, gorduras trans ou bebidas alcoólicas.

***Não transmissível - Uma** doença não transmissível é uma condição médica ou doença que não é transmissível. As doenças não transmissíveis não podem ser transmitidas diretamente de uma pessoa para outra. As doenças cardíacas e o cancro são exemplos de doenças não transmissíveis nos seres humanos.

TRATAMENTOS

As terapias ou tratamentos médicos são esforços para curar ou melhorar uma doença ou outros problemas de saúde. Na área médica, terapia é sinónimo da palavra tratamento. Entre os psicólogos, o termo pode referir-se especificamente à psicoterapia ou "terapia da conversa". Os tratamentos mais comuns incluem medicamentos, cirurgia, dispositivos médicos e cuidados pessoais. Os tratamentos podem ser prestados por um sistema de saúde organizado ou informalmente, pelo doente ou pelos seus familiares. Os cuidados de saúde preventivos são uma forma de evitar uma lesão, doença ou enfermidade. Um tratamento ou cura é aplicado depois de um problema médico já ter começado. Um tratamento tenta melhorar ou eliminar um problema, mas os tratamentos podem não produzir curas permanentes, especialmente nas doenças crónicas. As curas são um subconjunto de tratamentos que revertem completamente as doenças ou acabam com os problemas médicos de forma permanente. Muitas doenças que não podem ser completamente curadas ainda são tratáveis.

Bactérias

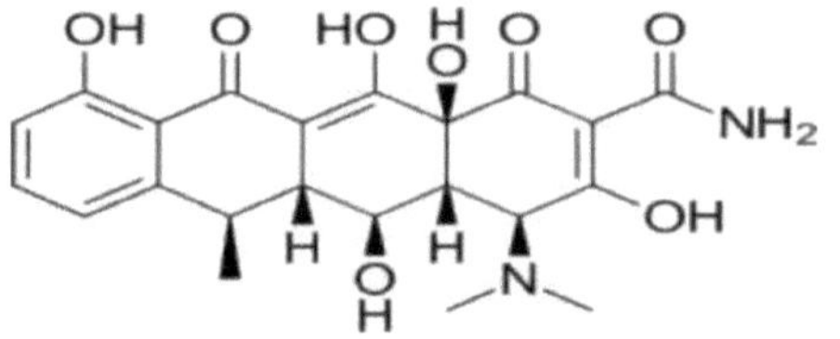

Uma estrutura da doxiciclina, um antibiótico da classe das tetraciclinas Tal como os agentes patogénicos virais, a infeção por determinados agentes patogénicos bacterianos pode ser prevenida através de vacinas. As vacinas contra os agentes patogénicos bacterianos incluem a vacina contra o carbúnculo e a vacina pneumocócica. Muitos outros agentes patogénicos bacterianos não dispõem de vacinas como medida preventiva, mas a infeção por estas bactérias pode frequentemente ser tratada ou prevenida com antibióticos. Os antibióticos comuns incluem a amoxicilina, a ciprofloxacina e a doxiciclina. Cada antibiótico tem diferentes bactérias contra as quais é eficaz e tem diferentes mecanismos para matar essas bactérias. Por exemplo, a doxiciclina inibe a síntese de novas proteínas tanto nas bactérias gram-negativas como nas gram-positivas, o que faz dela um antibiótico de largo espetro capaz de matar a maioria das espécies bacterianas.

Fungos - As infecções por agentes patogénicos fúngicos são tratadas com medicamentos antifúngicos. O pé de atleta, a comichão de atleta e a micose são infecções fúngicas da pele que são tratadas com medicamentos antifúngicos tópicos como o clotrimazol. As infecções que envolvem a espécie de levedura Candida albicans causam aftas orais e infecções vaginais por leveduras. Estas infecções internas podem ser tratadas com cremes anti-fúngicos ou com medicação oral. Os medicamentos antifúngicos comuns para as infecções internas incluem os medicamentos da família das equinocandinas e o fluconazol.

Algas - Embora as algas não sejam normalmente consideradas como agentes patogénicos, o género Prototheca causa doença nos seres humanos. O tratamento da prototecose está atualmente a ser investigado em e não existe consistência no tratamento clínico.

CONCLUSÃO

A verdadeira prevalência de muitas doenças não é conhecida. Uma vez que vivemos numa aldeia global, não podemos dar-nos ao luxo de ser complacentes com o enorme fardo económico, social e de saúde pública que estas doenças representam. É necessário desenvolver instalações de diagnóstico melhoradas no domínio da epidemiologia, uma estrutura de saúde pública forte, uma comunicação eficaz dos riscos, uma preparação para epidemias e uma resposta rápida.

REFRÊNCIAS

1. Van Seventer JM, Hochberg NS (2017), "Princípios das doenças infecciosas: Transmissão, diagnóstico, prevenção e controlo", *Enciclopédia Internacional*

de Saúde Pública, Elsevier, pp. 22-39, doi:10.1016/b978-0-12-803678-5.00516-6, ISBN 978-0-12-803708-9,

2. Rang HP, Dale MM, Ritter JM, Flower RJ, Henderson G (2011). *Farmacologia de Rang e Dale* (Sétima ed.). Edimburgo. ISBN 9780702034718.
3. Kirch W (13 de junho de 2008). *Enciclopédia de Saúde Pública: Volume 1: A - H Volume 2: I - Z.* Springer Science & Business Media. p. 966. ISBN 978-1-4020-5613-0.
4. McHeyzer-Williams LJ, Malherbe LP, McHeyzer-Williams MG (2006). "Imunidade de células B regulada por células T auxiliares". *Da imunidade inata à memória imunológica.* Tópicos actuais em microbiologia e imunologia. ISBN 978-3-540-32635-9.
5. Holtmeier W, Kabelitz D (2005). "As células T gammadelta ligam as respostas imunitárias inatas e adaptativas". *Imunologia química e alergia* ISBN 3-8055-7862-8.
6. Olson, James Stuart (2002). *Bathsheba's breast: women, cancer & history (O peito de Bathsheba: mulheres, cancro e história).* Baltimore: The Johns Hopkins University Press. pp. 168-70. ISBN 978-0-8018-6936-5.
7. Grupo de trabalho da Associação Americana de Psiquiatria sobre o DSM-IV (2000). *Manual de diagnóstico e estatística das perturbações mentais* (4ª ed.). Washington, DC: Associação Americana de Psiquiatria. ISBN 978-0-89042-025-6.
8. Peterson, Johnny W. (1996). Baron, Samuel (ed.). *Microbiologia Médica - Capítulo 7 Patogénese Bacteriana* (4ª ed.). Galveston, Texas: University of Texas Press. ISBN 0963117211.
9. Salfelder, K.; de Liscano, T.R.; Sauerteig, E. (1992). "Doenças de Protozoários". *Atlas de Patologia Parasitária.* Dordrecht, Países Baixos: Springer. pp. 13-95. doi:10.1007/978- 94-011-2228-3_2. ISBN 978-94-011-2228-3.

Efeito do ambiente na nossa saúde

Dra. Sónia Rani,

Colégio P. G. para Raparigas Dayanand, Kanpur

Resumo: Os factores ambientais têm um impacto profundo na saúde humana, influenciando tanto o bem-estar individual como os resultados de saúde da comunidade. O aumento da exposição a poluentes ambientais, como a contaminação do ar e da água, os produtos químicos perigosos e as alterações climáticas, tem sido associado a uma vasta gama de problemas de saúde, incluindo doenças respiratórias, doenças cardiovasculares, cancros, perturbações neurológicas e problemas reprodutivos. As populações vulneráveis, como as crianças, os idosos, os grupos com baixos rendimentos e as mulheres grávidas, estão particularmente em risco devido à sua maior sensibilidade aos factores de stress ambiental. Além disso, os danos ambientais agravam as desigualdades no domínio da saúde, colocando mais pressão sobre as comunidades desfavorecidas. Os efeitos indirectos, como o stress causado pelos problemas ambientais e os custos mais elevados dos cuidados de saúde, tornam estes desafios ainda mais difíceis de gerir. A resposta a estes desafios exige uma abordagem abrangente e multidisciplinar, que integre as políticas de saúde pública, os esforços de sustentabilidade ambiental e as intervenções comunitárias para atenuar os riscos, proteger a saúde humana e promover o equilíbrio ecológico a longo prazo[1,2].

Nas secções seguintes, são explicados em pormenor alguns dos factores ambientais específicos que impedem a saúde e o bem-estar do ser humano.

1. Poluição atmosférica

A poluição atmosférica tornou-se uma preocupação significativa no mundo moderno, apresentando graves riscos toxicológicos tanto para a saúde humana como para o ambiente. Embora várias fontes contribuam para a poluição atmosférica, os veículos a motor e os processos industriais são os principais responsáveis. A Organização Mundial de Saúde identifica seis grandes poluentes atmosféricos: partículas, ozono troposférico, monóxido de carbono, óxidos de enxofre, óxidos de azoto e chumbo. Tanto a exposição a curto como a longo prazo a tóxicos transportados pelo ar pode ter efeitos toxicológicos variáveis na saúde humana, conduzindo a condições como doenças respiratórias e cardiovasculares, perturbações neuropsiquiátricas, irritação ocular, doenças de pele e doenças crónicas como o cancro. Numerosos estudos estabeleceram uma ligação clara entre a má qualidade do ar e o aumento das taxas de morbilidade e mortalidade, em especial devido a doenças cardiovasculares e respiratórias.

A poluição atmosférica é reconhecida como um fator de risco ambiental significativo no desenvolvimento e progressão de várias doenças, incluindo asma, cancro do pulmão, hipertrofia ventricular, doença de Alzheimer, doença de Parkinson, perturbações psicológicas, autismo, retinopatia, problemas de crescimento fetal e baixo peso à nascença[3-7]. Os efeitos da poluição atmosférica na saúde são explicados em pormenor nas secções seguintes.

Doenças respiratórias e cancro do pulmão: A exposição prolongada aos poluentes atmosféricos, em particular às partículas finas (PM2.5), pode desencadear ou agravar doenças respiratórias como a asma, a doença pulmonar obstrutiva crónica (DPOC), a bronquite e a pneumonia8. A exposição a longo prazo à poluição atmosférica aumenta significativamente o risco de desenvolver cancro do pulmão. As substâncias cancerígenas, incluindo as partículas finas, o benzeno e o formaldeído, são os principais contribuintes para este risco acrescido[9].

Doenças cardiovasculares: A poluição do ar é um importante fator de risco para problemas relacionados com o coração, incluindo ataques cardíacos, acidentes vasculares cerebrais e hipertensão. Acelera o desenvolvimento da aterosclerose (o endurecimento das artérias) e aumenta o risco de doença cardíaca isquémica. Numerosos estudos indicam que a exposição crónica a níveis elevados de poluição atmosférica pode levar à morte prematura, principalmente por doenças cardiovasculares, doenças respiratórias e cancro[9].

Impactos neurológicos: Estudos recentes associaram a poluição atmosférica a efeitos adversos no cérebro. A exposição a longo prazo tem sido associada a um declínio cognitivo, a um risco acrescido de demência e a problemas de desenvolvimento nas crianças. Está também implicada em perturbações da saúde mental, incluindo depressão e ansiedade[10].

Resultados da gravidez e do parto: As mulheres grávidas expostas a níveis elevados de poluição atmosférica enfrentam um risco acrescido de complicações como o parto prematuro, o baixo peso à nascença e atrasos no desenvolvimento dos seus filhos[10]. As crianças são particularmente susceptíveis aos efeitos nocivos da poluição atmosférica devido ao desenvolvimento dos seus sistemas respiratório e imunitário. A exposição prolongada pode prejudicar o desenvolvimento dos pulmões, exacerbar a asma e conduzir a outras doenças respiratórias crónicas[11].

2. Poluição da água

A água, que cobre cerca de 70% da superfície da Terra, é um recurso natural vital essencial para todos os organismos vivos. A poluição da água ocorre quando substâncias nocivas contaminam as fontes de água, tornando-as inseguras para beber, cozinhar, agricultura, limpeza, natação e outras actividades essenciais. Os poluentes mais comuns incluem produtos químicos, plásticos, resíduos, bactérias e parasitas.

As principais fontes de poluição da água são a descarga direta de resíduos tóxicos domésticos, industriais e agrícolas nos rios, lagos e oceanos, juntamente com factores como o rápido crescimento populacional, a utilização excessiva de pesticidas, fertilizantes e insecticidas e a urbanização descontrolada. Os oceanos, em particular, estão cada vez mais sobrecarregados com resíduos de plástico, que representam uma séria ameaça para a vida marinha e, por sua vez, afectam os seres humanos através da contaminação dos mariscos. Esta contaminação pode levar a uma série de doenças transmitidas pela água, incluindo cólera, diarreia, disenteria, hepatite A e febre tifoide. O combate à poluição da água é crucial não só para proteger os ecossistemas, mas também para salvaguardar a saúde humana e garantir a disponibilidade de água limpa para as gerações futuras[12-17].

Alguns poluentes comuns da água incluem agentes patogénicos nocivos como *a E.*

coli, o Vibrio cholerae e a hepatite A, que estão frequentemente presentes na água contaminada e podem causar infecções graves[18]. Metais pesados como o chumbo, o mercúrio, o arsénio e o cádmio podem entrar nas fontes de água através de descargas industriais e actividades mineiras, provocando danos neurológicos, renais e de desenvolvimento[19]. Além disso, as escorrências agrícolas podem introduzir produtos químicos tóxicos nas reservas de água, contribuindo para problemas de saúde a longo prazo, como o cancro, a desregulação hormonal e os defeitos congénitos[20]. Os efeitos da poluição da água na saúde são explicados em pormenor nas secções seguintes.

Doenças transmitidas pela água: A água poluída contém frequentemente agentes patogénicos nocivos (bactérias, vírus, parasitas) que podem causar doenças gastrointestinais, como a diarreia, a cólera, a disenteria e a febre tifoide. A água contaminada é uma das principais causas de morte, especialmente nos países em desenvolvimento[21].

Contaminantes químicos: A água pode estar contaminada com metais pesados (como o chumbo, o mercúrio e o arsénico), produtos químicos industriais e pesticidas. A exposição a longo prazo a estas toxinas pode causar cancro, lesões renais, perturbações neurológicas e problemas de desenvolvimento[22].

Saúde reprodutiva: Certos produtos químicos, como os compostos desreguladores endócrinos (EDC), podem interferir com o sistema hormonal do corpo, conduzindo a problemas reprodutivos, defeitos de nascença e perturbações do desenvolvimento[23].

Intoxicação química: A ingestão de água contaminada pode levar a envenenamento agudo por produtos químicos como os nitratos, que podem causar metemoglobinemia (síndrome do bebé azul), que afecta a capacidade de transporte de oxigénio do sangue, especialmente em bebés[21-23].

3. Poluição do solo

Um solo saudável é essencial para o bem-estar humano, uma vez que é crucial para a produção de culturas, para garantir a segurança alimentar e para sustentar as populações humanas. Além disso, apoia a biodiversidade e presta serviços ecológicos essenciais, como a polinização. O solo também ajuda a reter a água, reduzindo o risco de inundações, e actua como um sumidouro de carbono, contribuindo para a atenuação das alterações climáticas. No entanto, a poluição do solo refere-se à contaminação do solo com produtos químicos tóxicos, metais pesados e outras substâncias nocivas, muitas vezes devido a resíduos industriais, práticas agrícolas incorrectas e eliminação inadequada de produtos químicos[24-28]. O impacto da poluição do solo na saúde humana é descrito em pormenor nas secções seguintes.

Contaminação dos alimentos: Os solos contaminados podem afetar as culturas neles cultivadas, levando à acumulação de substâncias nocivas nos alimentos. Por exemplo, os metais pesados, como o chumbo e o cádmio, podem ser absorvidos pelas plantas e depois ingeridos pelos seres humanos, causando problemas de saúde a longo prazo[27,28].

Problemas de pele e respiratórios: A exposição direta a solos contaminados, especialmente quando contêm produtos químicos nocivos ou resíduos industriais, pode causar uma série de problemas de pele. Estes incluem erupções cutâneas, irritação, comichão e inflamação. Em alguns casos, o contacto prolongado pode levar a condições dérmicas mais graves, como queimaduras ou reacções alérgicas. Além disso, a inalação de poeiras ou partículas do solo poluído pode representar riscos significativos para o sistema respiratório. As partículas, muitas vezes portadoras de substâncias tóxicas, podem irritar os pulmões e as vias respiratórias, conduzindo a doenças como a asma, a bronquite e outras doenças respiratórias crónicas. Em casos extremos, a exposição prolongada a poeiras poluídas do solo pode contribuir para o desenvolvimento de doenças pulmonares, incluindo fibrose ou mesmo cancro. Por conseguinte, os ambientes poluídos podem ter um impacto rigoroso tanto na saúde da pele como na saúde respiratória[25,29].

Exposição a produtos químicos tóxicos: A exposição contínua a produtos químicos perigosos, como pesticidas, herbicidas e poluentes industriais em solos contaminados, pode ter consequências graves para a saúde. Estas substâncias tóxicas podem entrar no corpo humano através de alimentos contaminados, água ou contacto direto com o solo. A exposição prolongada pode levar a deficiências neurológicas, incluindo disfunção cognitiva e problemas motores. A saúde reprodutiva também pode ser afetada, como a infertilidade, defeitos congénitos e perturbações hormonais. Além disso, o contacto prolongado com determinados produtos químicos está associado a um risco acrescido de vários tipos de cancro, o que torna a proteção do solo contra a contaminação tóxica fundamental para a saúde pública[30].

4. Poluição sonora

A poluição sonora, resultante de fontes como o tráfego, a construção, as actividades industriais e a urbanização, pode ter sérias implicações para a saúde humana, sobretudo quando a exposição é crónica. Os efeitos nocivos da poluição sonora vão para além do desconforto, conduzindo a problemas de saúde a longo prazo em vários sistemas corporais[30-35]. A poluição sonora é desenvolvida nas secções que se seguem.

Perda de audição: A exposição contínua a sons de alta intensidade, especialmente aqueles acima de 85 decibéis, pode danificar permanentemente as células ciliadas sensíveis no ouvido interno, que são essenciais para a audição. Com o tempo, estes danos levam a uma perda auditiva irreversível, uma condição que pode afetar significativamente a comunicação, a interação social e a qualidade de vida[30,31,35,36].

Problemas cardiovasculares: A exposição crónica ao ruído está associada a uma série de problemas cardiovasculares. O ruído persistente, especialmente proveniente do trânsito ou de ambientes industriais, pode elevar os níveis de stress, desencadeando a libertação de hormonas do stress, como o cortisol. Isto, por sua vez, aumenta a pressão arterial, aumentando o risco de desenvolver hipertensão, doenças cardíacas e até acidentes vasculares cerebrais. A pressão constante sobre o sistema cardiovascular pode acelerar o envelhecimento dos vasos sanguíneos e do coração32,33,37

Perturbações do sono: A poluição sonora é um dos principais factores de perturbação dos padrões de sono. Mesmo os níveis moderados de ruído durante o sono podem causar despertares ou despertares, levando a um descanso fragmentado. Com o tempo, isto resulta em insónia, redução da qualidade do sono e fadiga geral. Um sono deficiente está associado a uma série de resultados negativos para a saúde, incluindo o enfraquecimento da função imunitária, a redução das capacidades cognitivas e a diminuição da regulação emocional[31,38].

Saúde mental: A exposição prolongada a níveis elevados de ruído está associada a um aumento do stress e a problemas de saúde mental. Pode aumentar os níveis de ansiedade, despoletar sentimentos de irritabilidade e contribuir para a depressão. A intrusão persistente do ruído pode causar tensão psicológica, influenciando negativamente o humor e a função cognitiva. Em alguns casos, o stress constante causado pelo ruído pode exacerbar as condições de saúde mental existentes e levar a uma diminuição da qualidade de vida31-35,39

De um modo geral, a poluição sonora, quando sentida durante longos períodos, tem o potencial de afetar o bem-estar físico, mental e emocional, salientando a importância de abordar as fontes de ruído ambiental para a proteção da saúde humana.

5. Poluição luminosa

Embora muitas vezes ignorada, a poluição luminosa causada por luz artificial excessiva ou mal orientada pode ter consequências significativas para a saúde humana, nomeadamente em termos de padrões de sono e ritmos circadianos. A iluminação artificial que permeia os ambientes urbanos perturba o ciclo natural de luz e escuridão, conduzindo a uma série de problemas de saúde[40-43]. Os efeitos da poluição luminosa na saúde humana são explicados em pormenor nas secções seguintes.

Perturbação do sono: A exposição à luz artificial durante a noite, especialmente a luz da rua, dos edifícios e dos aparelhos electrónicos, interfere com o relógio interno do corpo, ou ritmo circadiano. Esta perturbação pode dificultar o adormecimento ou a permanência no sono, levando a um descanso de má qualidade. A privação de sono está associada a uma série de problemas de saúde graves, incluindo obesidade, diabetes, doenças cardíacas e tensão arterial elevada. Além disso, um sono de má qualidade pode afetar a função cognitiva, aumentar a irritabilidade e reduzir a qualidade de vida em geral[42, 44].

Aumento do risco de cancro: A investigação demonstrou que a perturbação dos ritmos circadianos devido à poluição luminosa pode afetar a produção de melatonina, uma hormona que regula o sono e está envolvida na função imunitária. Níveis mais baixos de melatonina estão associados a um risco acrescido de certos tipos de cancro, em especial o cancro da mama. Acredita-se que a melatonina tem propriedades de combate ao cancro e que a sua supressão pela luz artificial pode promover o crescimento de células cancerígenas. Estudos sugerem que os trabalhadores por turnos, que se expõem à luz artificial durante a noite e dormem durante o dia, podem correr um risco mais elevado de desenvolver cancro, nomeadamente cancro da mama e da próstata[45,46].

Perturbação do equilíbrio hormonal: A poluição luminosa não afecta apenas o sono, mas também perturba outras hormonas do corpo. Por exemplo, a exposição à luz durante a noite pode interferir com a regulação do cortisol, a hormona do stress, e das hormonas do crescimento, levando potencialmente ao stress crónico, a distúrbios metabólicos e a uma função imunitária deficiente. Estes desequilíbrios hormonais podem ter efeitos de longo alcance na saúde em geral[42,47].

Impacto na saúde mental: A perturbação dos ritmos circadianos causada pela poluição luminosa também pode ter consequências significativas para a saúde mental. As perturbações do sono estão associadas a níveis mais elevados de ansiedade, depressão e perturbações do humor. Além disso, a sobre-estimulação provocada pela luz artificial pode levar a sentimentos de inquietação e stress acrescido, particularmente em indivíduos que são sensíveis a mudanças nos ciclos de luz e escuridão [41,48].

Em última análise, a poluição luminosa é uma questão ambiental que não só afecta a nossa capacidade de descanso, como também desempenha um papel significativo no desenvolvimento de vários problemas de saúde física e mental, sublinhando a importância da gestão da iluminação artificial, particularmente durante as horas nocturnas.

6. Poluição por plásticos

A acumulação crescente de resíduos de plástico no ambiente, em especial de microplásticos, apresenta riscos significativos para a saúde humana. À medida que os plásticos se decompõem em partículas mais pequenas, infiltram-se nos ecossistemas, nas fontes de água e na cadeia alimentar, conduzindo a uma exposição generalizada[49]. Os efeitos da poluição por plásticos na saúde estão a tornar-se cada vez mais claros, embora haja ainda muita investigação por fazer. O impacto da poluição por plásticos na saúde humana é explicado em pormenor.

Exposição a produtos químicos: Os plásticos são frequentemente fabricados com químicos nocivos, como o bisfenol A (BPA) e os ftalatos, que são conhecidos desreguladores endócrinos. Estes químicos podem penetrar nos alimentos e bebidas através do contacto com recipientes ou embalagens de plástico. Uma vez ingeridos, o BPA e os ftalatos podem interferir com o equilíbrio hormonal do organismo, provocando problemas reprodutivos, problemas de desenvolvimento nas crianças e um risco acrescido de certos tipos de cancro. Por exemplo, a exposição ao BPA tem sido associada à redução da fertilidade, à puberdade precoce e a um risco acrescido de cancro da mama e da próstata. Estes produtos químicos podem também afetar o desenvolvimento do cérebro das crianças e contribuir para distúrbios metabólicos[49-51].

Ingestão de microplásticos: Os microplásticos são partículas de plástico minúsculas, com menos de 5 milímetros de tamanho e omnipresentes no ambiente, tendo também entrado na cadeia alimentar através da água, do marisco e de outros produtos alimentares. Quando os seres humanos ingerem estas partículas, elas podem acumular-se no corpo e causar uma série de potenciais problemas de saúde. As primeiras investigações demonstraram que os microplásticos podem provocar inflamação, particularmente no sistema digestivo, e podem perturbar a capacidade de funcionamento correto do sistema imunitário. Embora a extensão total do seu impacto na saúde ainda esteja a ser investigada, as preocupações incluem toxicidade, potenciais danos nos órgãos e interferência nos processos metabólicos.

Os efeitos a longo prazo da exposição a microplásticos ainda estão a ser estudados, mas há indicações de que podem contribuir para doenças crónicas como problemas gastrointestinais, desequilíbrios hormonais e mesmo certas formas de cancro[52-53].

Impacto ambiental e ecológico: Embora não tenha um efeito direto na saúde humana, o impacto ambiental mais amplo da poluição por plásticos afecta indiretamente a saúde humana. Os plásticos nos oceanos e nos rios perturbam os ecossistemas, prejudicando a vida marinha e contaminando as fontes alimentares. Quando os animais consomem resíduos de plástico, os produtos químicos nocivos dos plásticos podem entrar na cadeia alimentar, aumentando os riscos para a saúde que a poluição por plásticos representa para os seres humanos.

Microplásticos transportados pelo ar: Estudos recentes mostram que as pessoas não só ingerem microplásticos como também os inalam, especialmente em ambientes urbanos onde os resíduos de plástico são predominantes. A inalação de microplásticos transportados pelo ar pode contribuir para problemas respiratórios, incluindo asma, bronquite e outras doenças pulmonares. Estas partículas minúsculas podem alojar-se nos pulmões e entrar na corrente sanguínea, conduzindo potencialmente a toxicidade sistémica[54-56]. Globalmente, a poluição por plásticos representa uma ameaça complexa e crescente para a saúde que afecta tanto o ambiente como o bem-estar humano. A redução dos resíduos de plástico e da exposição aos produtos químicos nocivos contidos nos plásticos é fundamental para proteger a saúde pública a longo prazo.

Formas de aliviar os impactos ambientais na saúde:

A atenuação dos impactos ambientais na saúde exige uma abordagem multifacetada que envolve acções individuais, iniciativas comunitárias e políticas governamentais. Apresentam-se de seguida algumas das principais estratégias para reduzir os riscos ambientais e os seus efeitos na saúde humana:

1. Melhorar a qualidade do ar

Para combater a poluição atmosférica, podem ser adoptadas várias estratégias. A transição para fontes de energia mais limpas, como a energia solar, eólica e hidroelétrica, é essencial para reduzir a dependência dos combustíveis fósseis e diminuir a poluição atmosférica. Incentivar a utilização de veículos eléctricos (VE) e promover os transportes públicos também pode ajudar a reduzir as emissões dos automóveis. Os governos podem desempenhar um papel significativo regulando as emissões industriais, aplicando políticas rigorosas e incentivando a adoção de tecnologias verdes que minimizem os poluentes nocivos. A promoção da eficiência energética é outra abordagem fundamental, com melhorias no isolamento, nos electrodomésticos e nos materiais de construção que ajudam a reduzir a procura de combustíveis fósseis. Além disso, o aumento dos espaços verdes através da plantação de árvores e do desenvolvimento de parques urbanos pode melhorar a qualidade do ar, absorvendo os poluentes e produzindo oxigénio. Estas áreas verdes também oferecem benefícios para a saúde mental, ajudando a aliviar o stress causado por factores ambientais. Por último, a utilização de purificadores de ar em casas, escolas e locais de trabalho, especialmente em zonas com elevada poluição, pode reduzir ainda mais a exposição a partículas nocivas e poluentes[57,58].

2. Melhorar a qualidade da água

Para garantir o acesso a água potável limpa e segura, é fundamental investir e manter as infra-estruturas de tratamento da água. Isto inclui a modernização dos sistemas de tratamento de esgotos e de águas residuais para evitar a contaminação das fontes de água[12]. A redução da utilização de produtos químicos nocivos na agricultura é outro passo importante, com práticas agrícolas sustentáveis, como a agricultura biológica, a rotação de culturas e a gestão integrada das pragas, que ajudam a minimizar a utilização de pesticidas e fertilizantes. Ao reduzir o escoamento agrícola, podemos proteger tanto a qualidade da água como a saúde pública. A aplicação de regulamentos sobre a eliminação de produtos químicos perigosos, metais pesados e plásticos nas massas de água é essencial para evitar a contaminação[13,16]. A monitorização regular das fontes de água, associada a campanhas de sensibilização do público, pode reduzir a exposição a substâncias tóxicas[17]. Além disso, a modernização e a manutenção das instalações de tratamento de águas residuais são essenciais para evitar que os esgotos não tratados contaminem os sistemas hídricos e provoquem doenças transmitidas pela água[21]. Por último, a redução da poluição por plásticos, tanto nos oceanos como nos sistemas de água doce, através de iniciativas como a promoção da reciclagem, a proibição dos plásticos de utilização única e o incentivo a alternativas biodegradáveis, também pode ajudar a proteger os ecossistemas aquáticos e a evitar a contaminação por microplásticos[49].

3. Abordar as alterações climáticas

Para enfrentar os impactos das alterações climáticas na saúde, é necessária uma abordagem multifacetada. A atenuação das emissões de gases com efeito de estufa através da adoção de energias renováveis, o reforço da eficiência energética e a promoção de sistemas de transporte sustentáveis podem ajudar a abrandar o ritmo das alterações climáticas e a reduzir os seus efeitos adversos na saúde pública[59]. Para além da atenuação, é também essencial desenvolver infra-estruturas resistentes ao clima. Isto inclui medidas como barreiras contra inundações, culturas resistentes à seca e edifícios resistentes ao calor, que podem proteger as populações de fenómenos meteorológicos extremos, como inundações, ondas de calor e tempestades. Investir em telhados verdes, parques e iniciativas de plantação de árvores pode ajudar as cidades a gerir o aumento das temperaturas, reduzir o efeito de ilha de calor urbana e melhorar a saúde mental e o bem-estar geral. Além disso, o reforço da resiliência da comunidade através de medidas de adaptação de base local, como sistemas de alerta precoce para ondas de calor ou inundações, pode garantir que as populações vulneráveis estejam mais bem protegidas durante fenómenos meteorológicos extremos.[60]

4. Controlo da poluição sonora

Para resolver o problema crescente da poluição sonora, o planeamento urbano deve dar prioridade à redução do ruído através da conceção de infra-estruturas que minimizem a perturbação sonora. Isto pode ser conseguido através da criação de zonas tampão, da utilização de materiais insonorizados na construção e do planeamento cuidadoso dos bairros para limitar o ruído do tráfego e da indústria. A incorporação de espaços verdes e parques na conceção urbana também ajuda a absorver o som e a reduzir os níveis gerais de ruído nas cidades. Além disso, a regulamentação da poluição sonora é crucial; os governos devem impor normas de ruído para a construção, os transportes e as actividades industriais. Muitos países já têm leis que limitam os níveis de ruído em áreas residenciais durante horas específicas para reduzir a exposição a ruído excessivo[31,32]. As campanhas de sensibilização do público podem educar ainda mais as pessoas sobre os impactos da poluição sonora na saúde e incentivar a utilização de proteção auricular em ambientes ruidosos, como concertos e locais de trabalho. Para combater especificamente o ruído relacionado com o tráfego, a melhoria do fluxo de tráfego e o investimento em tecnologias mais silenciosas, como os veículos eléctricos e as superfícies rodoviárias que reduzem o ruído, podem reduzir significativamente o impacto do ruído nas populações urbanas[33].

5. Promover a agricultura sustentável

Para reduzir a poluição ambiental e aumentar a sustentabilidade da agricultura, podem ser aplicadas várias estratégias. Uma abordagem fundamental consiste em reduzir a utilização de pesticidas, incentivando os agricultores a adoptarem práticas de gestão integrada das pragas (IPM), que se baseiam no controlo biológico, na rotação de culturas e em métodos de agricultura biológica, em vez da utilização excessiva de pesticidas químicos e herbicidas. O apoio à agricultura biológica é outra estratégia importante, uma vez que evita os fertilizantes e pesticidas sintéticos, reduzindo as toxinas ambientais nos alimentos e na água. Além disso, a promoção de práticas sustentáveis de gestão dos solos pode ajudar a prevenir a erosão e a degradação dos solos, que contribuem significativamente para a poluição da água e para o declínio da produtividade agrícola[24-26]. A agrossilvicultura, que envolve a integração de árvores nas paisagens agrícolas, é outra forma eficaz de aumentar a biodiversidade, melhorar a saúde dos solos e reduzir a poluição ambiental, criando um sistema agrícola mais resistente e sustentável.

6. Reduzir a poluição por plásticos

Para resolver o problema crescente da poluição por plásticos, é necessária uma abordagem a vários níveis. Uma medida fundamental é reduzir os plásticos de utilização única, proibindo ou restringindo artigos como sacos, garrafas e palhinhas de plástico, promovendo simultaneamente alternativas como recipientes reutilizáveis, materiais biodegradáveis e embalagens feitas de produtos reciclados. Aumentar os esforços de reciclagem também é crucial; a melhoria dos programas de reciclagem pode ajudar a reduzir a quantidade de resíduos de plástico enviados para os aterros e oceanos. A educação pública sobre métodos de reciclagem adequados, juntamente com o incentivo às empresas para adoptarem embalagens recicláveis, pode apoiar ainda mais esta iniciativa. Além disso, a organização de campanhas de limpeza comunitárias para remover resíduos de plástico das praias, rios e áreas urbanas é vital, assim como o apoio a organizações dedicadas à limpeza dos oceanos globais e à promoção da saúde dos oceanos. Por fim, a defesa de regulamentos ambientais mais fortes, como o Tratado das Nações Unidas sobre os Plásticos, é essencial para reduzir a produção e os resíduos de plástico a uma escala global, garantindo um futuro mais sustentável[49,50].

7. Reforçar a regulamentação ambiental

Para combater a degradação ambiental, os governos podem tomar várias medidas eficazes. Uma abordagem consiste em aplicar normas de poluição rigorosas, regulando as emissões industriais, a gestão de resíduos e as práticas de utilização dos solos. Isto inclui o estabelecimento de normas rigorosas de qualidade do ar e da água, a regulamentação dos produtos químicos tóxicos e o controlo das emissões dos veículos para reduzir o impacto ambiental global. Outra estratégia consiste em adotar o princípio do "poluidor-pagador", em que as indústrias responsáveis pela poluição são obrigadas a cobrir os custos da limpeza ambiental e dos cuidados de saúde associados à poluição. Esta política cria um incentivo económico para que as empresas adoptem práticas mais limpas e mais sustentáveis. Além disso, a promoção de certificações ecológicas, como o LEED para edifícios ou certificações biológicas para a agricultura, pode incentivar as empresas a adoptarem práticas respeitadoras do ambiente, uma vez que estas certificações funcionam frequentemente como uma marca de sustentabilidade e podem melhorar a reputação de uma empresa, incentivando ainda mais a redução dos danos ambientais[61-62].

8. Proteger os ecossistemas naturais

A conservação da biodiversidade é essencial para manter a saúde dos ecossistemas que prestam serviços críticos à humanidade. A proteção das florestas, das zonas húmidas e de outros ecossistemas naturais ajuda a filtrar a água, a sequestrar o carbono e a regular os climas locais, o que contribui para a saúde e o bem-estar humanos. Para proteger ainda mais a biodiversidade, é crucial combater a desflorestação através da implementação de leis e incentivos para evitar o abate ilegal de árvores e a degradação dos solos, que contribuem para as alterações climáticas e a perda de espécies valiosas. Os programas de reflorestação desempenham um papel vital na mitigação da degradação ambiental, na recuperação de habitats e na melhoria da qualidade do ar. A conservação marinha é igualmente importante, uma vez que os oceanos e a vida marinha são essenciais para regular o ciclo global do carbono e apoiar os serviços ecossistémicos. Ao proteger os ecossistemas marinhos da sobrepesca, da poluição e da destruição de habitats, podemos ajudar a preservar o delicado equilíbrio dos sistemas oceânicos que são cruciais para a saúde humana e para a estabilidade ecológica do planeta[63,64].

Conclusão

Em conclusão, o ambiente desempenha um papel significativo na formação da saúde humana. O ar que respiramos, a água que bebemos e os alimentos que consumimos são profundamente influenciados pelo mundo natural e pelas actividades humanas. A poluição, as alterações climáticas, a desflorestação e o esgotamento dos recursos naturais têm um impacto direto na qualidade de vida, provocando doenças respiratórias, doenças transmitidas pela água e problemas de saúde mental, entre outros. Além disso, a ameaça crescente de degradação ambiental afecta desproporcionadamente as populações vulneráveis, o que a torna uma questão crítica para a saúde global. Para proteger o nosso bem-estar, é essencial adotar práticas sustentáveis, mitigar a poluição e promover políticas que salvaguardem tanto o nosso ambiente como a nossa saúde. Ao promover uma relação harmoniosa com a natureza, podemos assegurar um futuro mais saudável para todos.

Referências

1. Kinney, P. L. (2008). Climate change, air quality, and human health (Alterações climáticas, qualidade do ar e saúde humana). Jornal Americano de Medicina Preventiva, 35(5), 459-467.

2. Anderson, J. O., Thundiyil, J. G., & Stolbach, A. (2012). Clearing the air: A review of the effects of particulate matter air pollution on human health (Uma revisão dos efeitos da poluição atmosférica por partículas na saúde humana). Jornal de Toxicologia Médica, 8, 166-175.

3. Kinney, P. L. (2018). Interações entre as alterações climáticas, a poluição atmosférica e a saúde humana. Relatórios actuais de saúde ambiental, 5, 179-186.

4. Ghorani-Azam, A., Riahi-Zanjani, B., & Balali-Mood, M. (2016). Efeitos da poluição atmosférica na saúde humana e medidas práticas de prevenção no Irão. Jornal de Investigação em Ciências Médicas, 21(1), 65.

5. Desqueyroux, H., Pujet, J., Prosper, M., Squinzai, F., & Momas, I. (2002). Efeitos a curto prazo da poluição atmosférica de baixo nível na saúde respiratória de adultos que sofrem de asma moderada a grave. Environmental Research, 89, 29-37.

6. Khalaf, E., Mohammadi, M., Sulistiyani, S., Ramirez-Coronel, A., Kiani, F., Jalil, A., Almulla, A., Asban, P., Farhadi, M., & Derikondi, M. (2024). Efeitos da inalação de dióxido de enxofre na saúde humana: Uma revisão. Revisões sobre Saúde Ambiental, 39(2), 331-337.

7. Chen, T. M., Kuschner, W. G., Gokhale, J., & Shofer, S. (2007). Ar exterior poluição: Efeitos na saúde do dióxido de azoto, dióxido de enxofre e monóxido de carbono. American Journal of Medical Sciences, 333, 249-256.

8. Pope, C. A. III, Burnett, R. T., Thun, M. J., Calle, E. E., Krewski, D., Ito, K., & Thurston, G. D. (2002). Lung cancer, cardiopulmonary mortality, and long-term exposure to fine particulate air pollution. JAMA, 287, 1132-1141.

9. Brook, R. D., Franklin, B., Cascio, W., Hong, Y., Howard, G., Lipsett, M.,

Luepker, R., Mittleman, M., Samet, J., Smith, S. C. Jr., & Tager, I. (2004). Air pollution and cardiovascular disease: A statement for healthcare professionals from the Expert Panel on Population and Prevention Science of the American Heart Association. Circulation, 109, 2655-2671.

10. Liu, K., Li, S., Qian, Z., Dharmage, S. C., Bloom, M. S., Heinrich, J., et al. (2020). Benefícios da vacinação contra a gripe nas associações entre poluição do ar ambiente e doenças respiratórias alérgicas em crianças e adolescentes: New insights from the Seven Northeastern Cities study in China. Environmental Pollution, 256, 113434.

11. Slaughter, J., Lumley, T., Sheppard, L., Koenig, J., Shapiro, G., et al. (2003). Effects of ambient air pollution on symptom severity and medication use in children with asthma (Efeitos da poluição do ar ambiente na gravidade dos sintomas e na utilização de medicamentos em crianças com asma). Annals of Allergy, Asthma & Immunology, 91(4), 346-353.

12. Babuji, P., Thirumalaisamy, S., Duraisamy, K., & Periyasamy, G. (2023). Riscos para a saúde humana devido à exposição à poluição da água: A review. Água, 15(14), 2532.

13. Li, P., Sabarathinam, C., & Elumalai, V. (2023). Poluição das águas subterrâneas e sua remediação para a gestão sustentável da água. Chemosphere, 329, 138621.

14. Chabukdhara, M., Gupta, S. K., Kotecha, Y., & Nema, A. K. (2017). Qualidade das águas subterrâneas no distrito de Ghaziabad, Uttar Pradesh, Índia: Avaliação multivariada e de risco para a saúde. Chemosphere, 179, 167-178.

15. Ahmed, R. S., Abuarab, M. E., Ibrahim, M. M., Baioumy, M., & Mokhtar, A. (2023). Avaliação dos impactos ambientais e de toxicidade e potenciais riscos para a saúde da poluição por metais pesados da drenagem agrícola adjacente às zonas industriais no Egito. Chemosphere, 318, 137872.

16. Kordbacheh, F., & Heidari, G. (2023). Poluentes da água e abordagens para a sua remoção. Materials Chemistry Horizons, 2(2), 139-153.

17. Suraifi, L. A. J., Al Hamami, A. S. S., & Salem, S. A. (2023). Poluição da água e saúde humana: Uma revisão. Jornal de Conservação de Recursos Genéticos e Ambientais, 11(2), 7578.

18. Chen, L., Wang, J., Beiyuan, J., Guo, X., Wu, H., & Fang, L. (2022). Avaliação dos riscos ambientais e para a saúde de oligoelementos potencialmente tóxicos em solos próximos de minas de urânio (U): A global meta-analysis. Science of The Total Environment, 816, 151556.

19. Mishra, S., Bharagava, R. N., More, N., Yadav, A., Zainith, S., Mani, S., & Chowdhary, P. (2018). Contaminação por metais pesados: Uma ameaça alarmante para o meio ambiente e a saúde humana. Em Biotecnologia Ambiental: Para um futuro sustentável (pp. 103-125). Springer.

20. Liu, X., Song, Q., Tang, Y., Li, W., Xu, J., Wu, J., Wang, F., & Brookes, P. C. (2013). Avaliação do risco para a saúde humana de metais pesados no sistema solo-vegetal: A multi-medium analysis. Science of The Total Environment, 463-464, 530-540.

21. Shayo, G. M., Elimbinzi, E., Shao, G. N., et al. (2023). Gravidade das doenças transmitidas pela água nos países em desenvolvimento e a eficácia dos filtros de cerâmica para melhorar a qualidade da água. Boletim do Centro Nacional de Investigação, 47, 113.

22. Shah, A., Arjunan, A., Baroutaji, A., Zakharova, J. (2023). Uma revisão dos contaminantes físico-químicos e biológicos na água potável e seus impactos na saúde humana. Ciência e Engenharia da Água, 16(4), 333-344.

23. Shetty, S. S., Da, D., Sa, H., Sonkusare, S., Naik, P. B., Kumari, S., & Madhyastha, H. (2023). Environmental pollutants and their effects on human health (Poluentes ambientais e seus efeitos na saúde humana). Heliyon, 9(9), e19496.

24. Oves, M., Khan, M. S., Zaidi, A., & Ahmad, E. (2012). Contaminação do solo, valor nutritivo e avaliação dos riscos dos metais pesados para a saúde humana: An overview (pp. 1-27). Springer Vienna.

25. Mishra, R. K., Mohammad, N., & Roychoudhury, N. (2016). Poluição do solo:

Causas, efeitos e controlo. Van Sangyan, 3(1), 1-14.

26. Cachada, A., Rocha-Santos, T., & Duarte, A. C. (2018). O solo e a poluição: Uma introdução às principais questões. In Poluição do solo (pp. 1-28). Imprensa Académica.

27. Gautam, K., Sharma, P., Dwivedi, S., Singh, A., Gaur, V. K., Varjani, S., Srivastava, J. K., Pandey, A., Chang, J. S., & Ngo, H. H. (2023). Uma revisão sobre o controlo e a redução da poluição do solo por metais pesados: Ênfase na inteligência artificial na recuperação de solos contaminados. Environmental Research, 225, 115592.

28. Rajendran, S., Priya, T. A. K., Khoo, K. S., Hoang, T. K. A., Ng, H. S., Munawaroh, H. S. H., Karaman, C., Orooji, Y., & Show, P. L. (2022). Uma revisão crítica sobre várias abordagens de remediação para a remoção de contaminantes de metais pesados de solos contaminados. Chemosphere, 287(Part 4), 132369.

29. Münzel, T., Hahad, O., Daiber, A., & Landrigan, P. J. (2023). Poluição do solo e da água e saúde humana: Com o que os cardiologistas devem se preocupar? Cardiovascular Research, 119(2), 440449.

30. Abrahams, P. W. (2002). Os solos: As suas implicações para a saúde humana. Science of the Total Environment, 291(1-3), 1-32.

31. Geravandi, S., Takdastan, A., Zallaghi, E., Niri, M. V., Mohammadi, M. J., Saki, H., & Naiemabadi, A. (2015). Poluição sonora e efeitos na saúde. Jundishapur Journal of Health Sciences, 7(1).

32. Wokekoro, E. (2020). Sensibilização do público para os impactos da poluição sonora na saúde humana. Revista Mundial de Investigação e Revisão (WJRR), 10(6), 27-32.

33. Jariwala, H. J., Syed, H. S., Pandya, M. J., & Gajera, Y. M. (2017). Poluição sonora e saúde humana: A review. Indoor Built Environ, 1(1), 1-4.

34. Jhanwar, D. (2016). Poluição sonora: A review. Journal of Environment Pollution and Human Health, 4(3), 72-77.

35. Singh, N., & Davar, S. C. (2004). Noise pollution-sources, effects and control (Poluição sonora - fontes, efeitos e controlo). Jornal de Ecologia Humana, 16(3), 181-187.

36. Stansfeld, S. A., & Matheson, M. P. (2003). Poluição sonora: Non-auditory effects on health. British Medical Bulletin, 68(1), 243-257.

37. Aluko, E. O., & Nna, V. U. (2014). Impacto da poluição sonora no sistema cardiovascular humano. Revista Internacional de Doenças Tropicais e Saúde, 6(2), 35-43.

38. Halperin, D. (2014). Ruído ambiental e perturbações do sono: Uma ameaça para a saúde? Ciência do Sono, 7(4), 209-212.

39. Tortorella, A., Menculini, G., Moretti, P., Attademo, L., Balducci, P. M., Bernardini, F., Cirimbilli, F., Chieppa, A. G., Ghiandai, N., & Erfurth, A. (2022). Novos determinantes da saúde mental: O papel da poluição sonora. Uma revisão narrativa. International Review of Psychiatry, 34(7-8), 783-796.

40. Rodrigo-Comino, J., Seeling, S., Seeger, M. K., & Ries, J. B. (2023). Poluição luminosa: Uma revisão da literatura científica. The Anthropocene Review, 10(2), 367-392.

41. Falchi, F., Cinzano, P., Elvidge, C. D., Keith, D. M., & Haim, A. (2011). Limitar o impacto da poluição luminosa na saúde humana, no ambiente e na visibilidade estelar. Journal of Environmental Management, 92(10), 2714-2722.

42. Menéndez-Velázquez, A., Morales, D., & García-Delgado, A. B. (2022). Poluição luminosa e desalinhamento circadiano: Um díodo emissor de luz branca saudável, sem azul, para evitar a cronodisrupção. Revista Internacional de Investigação Ambiental e Saúde Pública, 19(3), 1849.

43. Agathokleous, E. (2023). Poluição luminosa provocada pelas alterações climáticas. Ciência, 382(6671), 655-655.

44. Argys, L. M., Averett, S. L., & Yang, M. (2021). Poluição luminosa, privação de sono e saúde infantil ao nascer. Southern Economic Journal, 87(3), 849-888.

45. Haim, A., & Portnov, B. A. (2013). A poluição luminosa como um novo fator de risco para cancros humanos da mama e da próstata (p. 168). Dordrecht: Springer.

46. Walker, W. H., Bumgarner, J. R., Walton, J. C., Liu, J. A., Meléndez-Fernández, O. H., Nelson, R. J., & DeVries, A. C. (2020). Poluição luminosa e cancro. Revista Internacional de Ciências Moleculares, 21(24), 9360.

47. Guan, Q., Wang, Z., Cao, J., Dong, Y., & Chen, Y. (2022). O papel da poluição luminosa na homeostase metabólica dos mamíferos e suas potenciais intervenções: Uma revisão crítica. Environmental Pollution, 312, 120045.

48. Boyce, P. R. (2022). Luz, iluminação e saúde humana. Lighting Research & Technology, 54(2), 101-144.

49. Kumar, R., Manna, C., Padha, S., Verma, A., Sharma, P., Dhar, A., Ghosh, A., & Bhattacharya, P. (2022). Poluição por micro (nano) plásticos e saúde humana: Como é que os plásticos podem induzir a carcinogénese nos seres humanos? Chemosphere, 298, 134267.

50. Li, P., Wang, X., Su, M., Zou, X., Duan, L., & Zhang, H. (2021). Caraterísticas da poluição plástica no meio ambiente: Uma revisão. Boletim de Contaminação Ambiental e Toxicologia, 107, 577-584.

51. Amato-Lourenço, L. F., dos Santos Galvão, L., de Weger, L. A., Hiemstra, P. S., Vijver, M. G., & Mauad, T. (2020). Uma classe emergente de poluentes atmosféricos: Efeitos potenciais dos microplásticos na saúde humana respiratória? Ciência do Ambiente Total, 749, 141676.

52. Brennecke, D., Duarte, B., Paiva, F., Caçador, I., & Canning-Clode, J. (2016). Microplásticos como vetor de contaminação por metais pesados do ambiente marinho. Estuarine, Coastal and Shelf Science, 178, 189-195.

53. Darbre, P. D. (2020). Componentes químicos dos plásticos como desreguladores endócrinos: Overview and commentary. Birth Defects Research, 112(17), 1300-1307.

54. Sana, S. S., Dogiparthi, L. K., Gangadhar, L., Chakravorty, A., & Abhishek,

N. (2020). Efeitos dos microplásticos e nanoplásticos no ambiente marinho e na saúde humana. Environmental Science and Pollution Research, 27, 44743-44756.

55. Lett, Z., Hall, A., Skidmore, S., & Alves, N. J. (2021). Microplástico e nanoplástico ambiental: rotas de exposição e efeitos na coagulação e no sistema cardiovascular. Environmental Pollution, 291, 118190.

56. Jacob, U. S., Isangedighi, I. A., Akangbe, O. A., & Jonah, U. E. (2024). Ocorrência ambiental, toxicidade e estratégias de mitigação de microplásticos no ecossistema aquático. Bima Journal of Science and Technology, 8(1b), 385-405.

57. Tran, V. V., Park, D., & Lee, Y. C. (2020). Poluição do ar em recintos fechados, doenças humanas relacionadas e tendências recentes no controlo e melhoria da qualidade do ar em recintos fechados. Revista internacional de investigação ambiental e saúde pública, 17(8), 2927.

58. Abouleish, M. Z. (2020). Qualidade do ar interior e COVID-19. Saúde Pública, 191, 1.

59. Llonch, P., Haskell, M. J., Dewhurst, R. J., & Turner, S. P. (2017). Estratégias atualmente disponíveis para mitigar as emissões de gases com efeito de estufa nos sistemas pecuários: uma perspetiva de bem-estar animal. Animal, 11(2), 274-284.

60. Birkmann, J., Garschagen, M., Kraas, F., & Quang, N. (2010). Governação urbana adaptativa: novos desafios para a segunda geração de estratégias de adaptação urbana às alterações climáticas. Sustainability Science, 5, 185-206.

61. Wibisana, A. G. (2006). Três princípios do direito ambiental: o princípio do poluidor-pagador, o princípio da prevenção e o princípio da precaução. Em Environmental Law in Development. Edward Elgar Publishing.

62. Conselho, U. G. B. (2001, março). Liderança em energia e design ambiental (LEED).

63. Balvanera, P., Daily, G. C., Ehrlich, P. R., Ricketts, T. H., Bailey, S. A., Kark, S., Kremen, C., & Pereira, H. (2001). Conserving biodiversity and ecosystem services. Science, 291(5511), 2047-2047.

64. Chakravarty, S., Ghosh, S. K., Suresh, C. P., Dey, A. N., & Shukla, G. (2012). Desflorestação: causas, efeitos e estratégias de controlo. Global perspectives on sustainable forest management, 1, 1-26.

Interligação entre ervas, especiarias e imunidade na saúde e na doença

Archana Dixit1, Raj Bahadur Tiwari 2 & Kalpana Vajpayee 3
msarchanashukla@gmail.com1,dr.rbtiwari@gmail.com 2
&kalpanavaj@gmail.com Dayanand Girls P.G.College, Kanpur 1, D.A.V.
College, Kanpur 2 & DBS,College, Kanpur 3

Resumo

Em dezembro de 2019, foi detectada pela primeira vez em Wuhan, na China, uma nova infeção denominada doença do coronavírus (COVID-19), causada pela síndrome respiratória aguda grave do coronavírus 2 (SARS-CoV-2). Em 11 de março de 2020, a Organização Mundial de Saúde declarou a infeção por COVID-19 uma pandemia. O consumo de uma dieta equilibrada e variada é benéfico para a saúde, especialmente quando os indivíduos se sentem stressados, assustados, inseguros, desequipados ou incapazes de manter a sua saúde durante a pandemia de COVID-19. As deficiências de nutrientes resultantes de uma ingestão inadequada de alimentos saudáveis podem contribuir para um sistema imunitário enfraquecido e para uma maior suscetibilidade às infecções. A inclusão de ervas aromáticas e especiarias numa dieta equilibrada e diversificada é um dos pontos altos de uma alimentação nutritiva que apoia a saúde e a imunidade. Geralmente, as ervas aromáticas e as especiarias são compostas por muitas partes de plantas, incluindo folhas, raízes, caules, sementes, bagas, botões, cascas ou flores. As variações destes ingredientes naturais comuns têm sido utilizadas na culinária e na medicina. Embora a prevalência de ervas aromáticas e especiarias seja extensa a nível mundial, só nos últimos anos é que a investigação pré-clínica e clínica se debruçou sobre a sua eficácia nos ingredientes.

Os medicamentos ayurvédicos e os seus extractos têm sido utilizados na prevenção e no tratamento de doenças virais. O Kadha representa o tipo mais antigo de medicamento fabricado através da fusão de medicamentos à base de plantas e especiarias.

Palavras-chave: pandemia , imunidade , ingredientes , ingredientes & pandemia COVID-19.

Introdução

Em dezembro de 2019, a sétima estirpe de coronavírus (SARS-COV-2), também conhecida como COVID-19, tinha eclodido em Wuhan, na China, causando uma pandemia mundial. Este vírus, que também causou mais de 6,9 milhões de mortes, infectou mais de 700 milhões de pessoas em todo o mundo.

As ervas medicinais e as especiarias têm sido utilizadas ao longo da história da humanidade pelas suas propriedades curativas e pelos seus benefícios para a qualidade de vida. Constituíram a principal terapêutica em sistemas medicinais antigos, como a medicina tradicional chinesa (MTC) (1), Ayurveda (2), Kampo (Japão) e muitos outros (3). O interesse pelas plantas medicinais e seus extractos e pelos medicamentos multicomponentes que incluem substâncias activas de origem natural tem aumentado exponencialmente nas últimas décadas. A lógica e o objetivo principal é o desenvolvimento de compostos terapêuticos não só potentes, mas também seguros, que não provoquem a pletora de efeitos secundários indesejáveis causados pelos medicamentos alopáticos sintéticos. Por conseguinte, a atividade imunomoduladora de numerosas ervas e especiarias tradicionalmente utilizadas tem merecido uma atenção crescente nos últimos anos.

O sistema imunitário é relativamente complexo; assim, quaisquer factores que influenciem as funções do sistema imunitário podem também influenciar outros sistemas do corpo humano, como o sistema nervoso, o sistema endócrino, o metabolismo, etc. Consequentemente, a investigação neste domínio é bastante diversificada e a modulação do sistema imunitário tem como objetivo prevenir a doença, bem como identificar novos alvos que possam servir de base a uma terapêutica nova e mais eficaz. Uma das principais abordagens em todos os sistemas de medicina tradicional para preservar a saúde e o bem-estar e, ao mesmo tempo, prevenir a doença, é uma dieta saudável que inclui uma série de alimentos à base de plantas. Esta dieta tem um foco específico nas ervas e especiarias, uma vez que estas podem apoiar o funcionamento saudável e equilibrado do sistema imunitário. A este respeito, os estudos indicaram que a dieta influencia os vários factores intrínsecos e extrínsecos do sistema imunitário (4,5).

As ervas aromáticas e as especiarias têm sido um elemento básico das dietas naturais de todas as culturas a nível mundial. Têm sido altamente valorizadas pelas suas propriedades anti-inflamatórias, particularmente considerando que uma das principais causas para o desenvolvimento de doenças é a inflamação crónica de baixo grau. No seu conjunto, existem inúmeras plantas que reduzem a inflamação em diferentes partes do globo; algumas delas são amplamente conhecidas e podem ser encontradas com relativa facilidade em todo o mundo, incluindo tomilho, orégãos, alecrim, salva, manjericão, hortelã, endro, salsa, feno-grego, cravinho, noz-moscada, canela, curcuma, tulsi, erva-cidreira, gengibre, malagueta, pimenta e muitas outras (6). Uma grande variedade dos seus constituintes, tais como flavonóides, polissacáridos, lactonas, alcalóides, diterpenóides, glicosídeos, etc., tem sido apontada como responsável pelas propriedades imunomoduladoras e anti-inflamatórias destas plantas. Nomeadamente, alguns destes compostos, como a curcumina, o gingerol e a capsaicina, parecem inibir um ou mais dos passos que ligam os estímulos pró-inflamatórios à ativação da ciclo-oxigenase (COX) (7). Além disso, a ativação do NF-κB, um regulador-chave da produção de COX-2, está associada a uma variedade de doenças inflamatórias, incluindo o cancro, a aterosclerose, o enfarte do miocárdio, a diabetes, as alergias, a asma, a artrite, a doença de Crohn, a esclerose múltipla, a doença de Alzheimer, a osteoporose, a psoríase e o choque sético (8,9); A este respeito, a inibição da COX deve impedir a ativação da via alternativa NF-κB e, desta forma, pode reduzir a inflamação e os sintomas relacionados (10).

O mundo está a sofrer a infeção pelo Coronavírus 2019 (COVID-19), que foi declarada como uma pandemia global pela Organização Mundial de Saúde (OMS) em março(11, 12). A pandemia de coronavírus tem sido considerada a maior crise global, uma vez que esta pandemia emergiu como a maior crise de saúde mundial desde a pandemia de gripe (13). Causou mais de 6.000.000 de mortes em todo o mundo (14). O agente causador é o coronavírus 2 da síndrome respiratória aguda grave (SARS-CoV-2), que é um beta-coronavírus envelopado com ARN de sentido positivo não segmentado (Fig. 1). O SARS-CoV-2 tem cerca de 30 kb de informação genética que é 70% idêntica à do SARS-CoV (15).

Fig. 1

De: Ervas tradicionais contra a COVID-19: voltar às velhas armas para combater a nova pandemia (16).

Os compostos de origem natural tornam-se constantemente uma alternativa terapêutica válida contra várias doenças, incluindo as infecções virais, porque são inatamente mais bem tolerados no organismo.

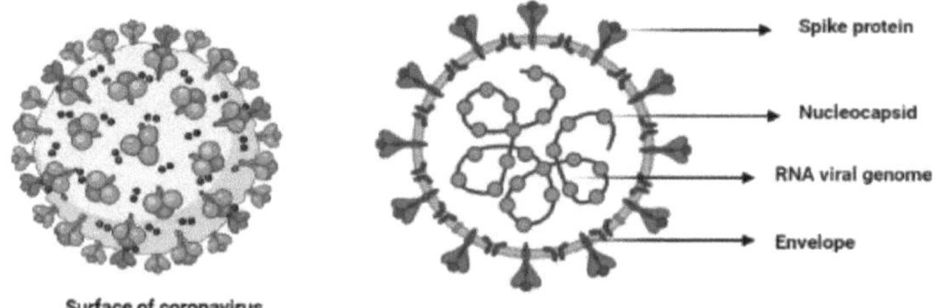

corpo humano. De acordo com um estudo, entre 1940 e 2014, 49% de todas as pequenas moléculas aprovadas pela Food and Drug Administration (FDA) dos EUA eram produtos naturais ou seus derivados (17). A exploração de ervas é feita continuamente, também para diminuir a doença relacionada com o coronavírus (18). As especiarias e as ervas aromáticas têm sido amplamente estudadas a nível mundial devido à sua elevada atividade antioxidante e antimicrobiana em certas especiarias e aos seus efeitos benéficos para os seres humanos. As especiarias contêm muitos compostos bioactivos que incluem flavonóides, compostos fenólicos, compostos contendo enxofre, taninos, alcalóides, diterpenos fenólicos, etc. (19;20;21;22). A Índia tem seis sistemas de medicina reconhecidos, nomeadamente Ayurveda, ioga, Unani, Siddha, naturopatia e homeopatia (23). Ayurveda significa a ciência da vida e é considerada não só como uma etnomedicina, mas também como um sistema médico completo para manter uma vida saudável e feliz. Na Índia, foram registadas 20 000 espécies de plantas com valor medicinal, mas mais de 500 comunidades tradicionais utilizam apenas cerca de 800 espécies de plantas para tratar diferentes doenças (Dev, 1997).

O surto de SARS-CoV-2 conduziu a acontecimentos catastróficos, uma vez que até à data se conhecia pouco tratamento específico para o coronavírus. Por isso, há uma necessidade global de procurar agentes que possam atuar contra o SARS-CoV-2 como medida de precaução que reforce a nossa imunidade durante a COVID-19. O Ministério da AYUSH da Índia publicou um aviso sobre os métodos de promoção da imunidade da Ayurveda para os cuidados pessoais durante a pandemia de COVID-19, que inclui a utilização de especiarias como a curcuma, os cominhos, os coentros e o alho, recomendados na cozinha. Aconselharam também a ingestão de chá/decocção de ervas (kadha) feito de manjericão, canela, pimenta preta, gengibre e passas uma ou duas vezes por dia. Pode ser adicionado açúcar natural ou sumo de limão fresco para realçar o sabor. Meia colher de chá de curcuma em pó pode ser adicionada a 150 ml de leite quente (Leite Dourado), que pode ser tomado uma ou duas vezes por dia (https://www.ayush.gov.in/). Este artigo resume os estudos científicos sobre as actividades antivirais das especiarias e ervas aromáticas, juntamente com os seus derivados, o mecanismo de ação e as perspectivas de estudos futuros, juntamente com a análise baseada em inquéritos.

Agentes medicinais tradicionais na Índia

A Índia tem uma história rica de sistemas tradicionais de medicina baseados em seis sistemas, dos quais a Ayurveda é o sistema de medicina indígena mais antigo, mais amplamente aceite, praticado e florescente. Os outros sistemas de medicina aliados na Índia são o Unani, o Siddha, a homeopatia, o Ioga e a Naturopatia.a A medicina tradicional indiana é uma das ciências médicas mais antigas do mundo. A

Ayurveda, o sistema mais utilizado na medicina tradicional indiana, dá ênfase à medicina holística, que considera o corpo, a mente e o espírito como um todo. Baseia-se no princípio de que os seres humanos alcançam a saúde física, mental e emocional através da coexistência harmoniosa com a natureza.(24),.)O sistema de medicina tradicional indiana é um dos mais antigos sistemas de prática médica do mundo. O Ministério da Saúde indiano criou seis sistemas de medicina, nomeadamente a Ayurveda, o Ioga, o Unani, o Siddha e a Homeopatia: O departamento de AYUSH, que foi formado como Ministério de AYUSH em 2014, também estabeleceu orientações específicas de prevenção e tratamento da COVID-19.(25) Recomenda a utilização de especiarias como açafrão, alho, cominho, etc. Beber chá de ervas / decocção (kadha) com canela, gengibre, pimenta preta , folhas de manjericão com sumo de limão ou mel adicionado para um melhor sabor. Recomenda também o consumo de leite dourado, ou seja, meia colher de chá de curcuma em pó adicionada a um copo de leite quente.

Recomenda-se a aplicação tópica de óleos como o óleo de sésamo na narina para inibir o ataque do vírus. O modo de transmissão da infeção por coronavírus é através do trato respiratório, pelo que o possível mecanismo desta aplicação tópica é que a natureza viscosa do óleo torna o fluxo do vírus típico e a hidrofobicidade do óleo impede a transmissão do vírus da narina para a garganta e para o sistema respiratório.

Homeopatia, Yoga e Naturopatia.

Ervas comuns e suas propriedades medicinais

Alguns medicamentos à base de plantas ou ingredientes dietéticos registaram um aumento da utilização ou do consumo durante a pandemia de COVID como agentes preventivos ou terapêuticos.

Neem (Azadirachta indica)

Azadirachta indica (Neem), uma árvore originária da Índia e de Myanmar, chamada por muitos de "A farmácia da aldeia" ou "Árvore divina" devido às suas muitas propriedades para a saúde. Nos últimos tempos, foi demonstrado que os extractos derivados do Neem funcionam desde repelentes de insectos a suplementos para reduzir a inflamação, controlo da diabetes e até para combater o cancro.

O Neem é uma planta medicinal tradicionalmente estabelecida com propriedades anti-sépticas, anti-inflamatórias, antioxidantes e de reforço do sistema imunitário. Também é conhecida por ter propriedades desintoxicantes. Pode ser mastigada crua ou 4-5 folhas são fervidas em água e a água coada é consumida. Relativamente ao vírus SARS-Cov-2, os seus compostos, como a nimbolina e a nimocina, podem ligar-se ao seu envelope, membrana e glicoproteína e exercer o seu papel inibitório.(26) Apesar da sua utilização tradicional, é necessário estabelecer o seu perfil de toxicidade, uma vez que também foram relatados casos clínicos de acidose e lesão renal.(27)

Alho

O alho é uma especiaria nutracêutica enriquecida com polifenólicos e organossulfurados, consumida desde a antiguidade. O alho e os seus metabolitos secundários têm demonstrado excelentes efeitos de promoção da saúde e de prevenção de doenças em muitas doenças humanas comuns, como o cancro, os distúrbios cardiovasculares e metabólicos, a tensão arterial e a diabetes, através das suas propriedades antioxidantes, anti-inflamatórias e hipolipemiantes, como demonstrado em vários estudos in vitro, in vivo e clínicos(28)

Gengibre (Zingiber officinale)

O gengibre contém cerca de 400 compostos diferentes, mas os efeitos farmacológicos devem-se em grande parte aos seus compostos terpénicos e fenólicos, que contribuem para os seus efeitos anticancerígenos, antioxidantes, anti-inflamatórios, antivirais, antibacterianos e antidiabéticos. Os extractos de gengibre fresco exercem efeitos antivirais potentes contra o vírus sincicial respiratório humano (HRSV) e o rinovírus, bloqueando a ligação viral e a penetração nas células hospedeiras. Também inibe a replicação viral nas partes inferiores do trato respiratório através da secreção de interferão (INF-α e β). Os compostos fenólicos derivados do gengibre incluem gingeróis que têm uma elevada afinidade de ligação a várias proteases do SARS-CoV-2 necessárias para a replicação viral. O gengibre pode potenciar as respostas imunitárias antivirais e exercer efeitos diretos anti-SARS-CoV-2, bem como modular a ativação dos macrófagos e atenuar a geração de mediadores pró-inflamatórios.(29)

Sementes de cominho preto (Nigella sativa)

Por vezes aclamadas como uma panaceia, as sementes de cominho preto e o seu óleo são amplamente utilizados na medicina tradicional islâmica e na Ayurveda para tratar uma variedade de doenças. Pensa-se que as sementes estimulam a lactação e têm sido utilizadas para problemas menstruais e pós-parto. Também são normalmente utilizadas para tratar vermes intestinais e diz-se que aliviam os problemas digestivos. As sementes e o óleo são utilizados para a inflamação, para reduzir os sintomas da asma e da bronquite e para tratar a artrite reumatoide.(30) Tem sido tradicionalmente utilizada como aditivo alimentar e especiaria muito comum. Tem sido utilizada para o tratamento da febre, congestão torácica, tosse, bronquite, etc. Tem uma gama diversificada de indicações em várias infecções respiratórias superiores devido às suas propriedades anti-hipersensibilidade e anti-inflamatórias. No contexto da infeção por COVID, o seu constituinte, principalmente a timoquinona, reduz os níveis de mediadores pró-inflamatórios, incluindo IL-2, IL-4, IL-6 e IL-12, ao mesmo tempo que aumenta o IFN-γ.(31)

Tulsi (Ocimum sanctum)

O Tulsi é também conhecido como "o elixir da vida", uma vez que promove a longevidade. Diferentes partes da planta são utilizadas nos sistemas de medicina Ayurveda e Siddha para a prevenção e cura de muitas doenças e afecções quotidianas como a constipação comum, dores de cabeça, tosse, gripe, dores de ouvido, febre, cólicas, dores de garganta, bronquite, asma, doenças hepáticas, febre da malária, como antídoto para picadas de cobra e de escorpião, flatulência, enxaquecas, fadiga, doenças de pele, feridas, insónia, artrite, perturbações digestivas, cegueira nocturna e diarreia. As folhas são boas para os nervos e para aguçar a memória. Mastigar folhas de tulsi também cura úlceras e infecções da boca [8]. Algumas folhas deixadas cair na água potável ou nos alimentos podem purificá-la e matar os germes nela contidos. O manjericão sagrado é muito bom para reforçar o sistema imunitário. Protege de quase todos os tipos de infecções por vírus, bactérias, fungos e protozoários. Estudos recentes mostram que também é útil na inibição do crescimento do VIH e de células cancerígenas.(32) É um arbusto aromático que tem propriedades medicinais e espirituais. Apresenta uma vasta gama de benefícios. Desde tempos imemoriais, as folhas secas têm sido utilizadas para repelir insectos quando misturadas com grãos armazenados. Apresenta uma atividade antimicrobiana de largo espetro, tem a capacidade de combater o stress metabólico através da normalização da glicose no sangue, da pressão sanguínea e dos níveis de lípidos; tem efeitos na memória e na função cognitiva através das suas propriedades antidepressivas. Na Ayurveda, é designado como "elixir da vida"(33) Os vários compostos encontrados no género Ocimum, como o kampferol, a quercetina, a apigenina e o ácido ursólico, são potenciais inibidores da protease do SARS-CoV-2.(34)

Açafrão-da-terra (Curcuma longa L.)

A curcuma é uma planta herbácea perene da família das Zingiberaceae (gengibre). A curcuma (Curcuma longa) é muito utilizada como especiaria, conservante alimentar e corante na Índia, na China e no Sudeste Asiático. O açafrão-da-terra em pó é mais conhecido como um dos principais ingredientes utilizados para fazer o caril; também dá à mostarda a sua cor amarela brilhante. Para além das suas utilizações culinárias, a curcuma tem sido amplamente utilizada na medicina tradicional em todo o mundo. A curcumina (diferuloilmetano), o principal componente bioativo amarelo da curcuma, demonstrou ter um vasto espetro de acções biológicas. Estas

incluem as suas actividades anti-inflamatória, antioxidante, anticarcinogénica, antimutagénica, anticoagulante, antifertilidade, antidiabética, antibacteriana, antifúngica, antiprotozoária, antiviral, antifibrótica, antiveneno, antiulcerosa, hipotensiva e hipocolesterolémica. Para a medicina tradicional ayurvédica, a planta da curcuma era um excelente anti-sético natural, desinfetante, anti-inflamatório e analgésico, ao mesmo tempo que a planta era frequentemente utilizada para ajudar a digestão, melhorar a flora intestinal e tratar irritações cutâneas.

A curcumina é o principal polifenol isolado do rizoma da curcuma. Tem uma vasta gama de efeitos farmacológicos, como actividades antioxidantes, anti-inflamatórias, antimicrobianas e antitumorais. A curcumina tem propriedades antivirais contra o citomegalovírus humano (HCMV), o vírus Zika, o vírus Chikungunya, o vírus Dengue, o vírus Epstein Barr (EBV), o vírus Influenza A (IAV), o vírus da hepatite, o vírus da imunodeficiência humana (VIH) e até o vírus SARS-CoV. Estudos in silico demonstraram que a curcumina tem potencial contra as proteínas de ligação do SARS-CoV-2 e os seus receptores celulares. Também actua inibindo a acidificação endossomal e o processamento das proteínas virais necessárias para a libertação viral(35).

Conclusão

Várias nações estão a sofrer várias vagas de COVID-19 com uma pressão crescente sobre o sistema de saúde. A investigação de abordagens terapêuticas à base de plantas, incluindo medicamentos tradicionais, metabolitos bioactivos e alimentos funcionais para combater a SARS-COV-2, poderá proporcionar grandes resultados na nossa batalha contra a pandemia de COVID. As contribuições terapêuticas significativas das ervas e/ou dos seus metabolitos activos no passado fizeram com que várias investigações recentes sugerissem a sua utilização como terapias valiosas para a COVID-19. O papel da Ayurveda ou de vários agentes à base de plantas como agentes medicinais na prevenção ou cura de várias doenças ou condições médicas não pode ser negligenciado. Trata-se de um sistema de medicina estabelecido desde tempos imemoriais. Podemos não dispor de provas cientificamente comprovadas de cada um dos agentes, mas dispomos da tecnologia que permite validar a utilização desses agentes através de testes e experiências laboratoriais.

De acordo com o nosso estudo, concluímos que a utilização de especiarias e ervas aromáticas pode desempenhar um papel significativo contra as infecções virais. Analisámos que a canela, a pimenta preta, o manjericão e a curcuma desempenham um papel vital contra o SARS-CoV-2 (COVID-19), bem como contra outras infecções virais, o que também foi apoiado por alguns outros estudos recentes. Na Índia, as pessoas utilizam especiarias e ervas aromáticas desde tempos antigos devido ao seu sabor e às suas propriedades antivirais, antimicrobianas, antioxidantes e de reforço da imunidade. Desde sempre, os indianos têm o hábito de tomar estes produtos naturais que conferiram imunidade à população indiana, o que é provavelmente a principal causa da baixa mortalidade na Índia. Para além das ervas tradicionais, numerosos alimentos funcionais, opções de estilo de vida saudável e suplementos alimentares podem diminuir consideravelmente a pressão financeira dos doentes com COVID-19 e as taxas de mortalidade em todo o mundo durante esta pandemia.

Referências

1. Shao BM, Xu W, Dai H, Tu P, Li Z e Gao XM: Um estudo sobre os receptores imunitários para polissacáridos das raízes de Astragalus membranaceus, uma erva medicinal chinesa. Biochem Biophys Res Commun. 320:1103-1111. 2004.PubMed/NCBI View Article : Google Acadêmico
2. Azeez TB e Lunghar J: 6-Antiinflammatory effects of turmeric (Curcuma longa) and ginger (Zingiber officinale). In: Gopi S, Amalraj A, Kunnumakkara A e Thomas S (eds). Inflammation and Natural Products. Academic Press, pp127-146, 2021.
3. Rahman T e Choudhury MBK: Cogumelo Shiitake: A tool of medicine. Bangladesh J Med Biochem. 5:24-32. 2012.
4. Isbill J, Kandiah J e Kruzliakovd N: Oportunidades para a promoção da saúde: Destacando ervas e especiarias para melhorar o suporte imunitário e o bem-

estar. Integr Med (Encinitas). 19:30-42. 2020.PubMed/NCBI

5. Pelvan E, Karaoğlu Ö, Önder Fırat E, Betül Kalyon K, Ros E e Alasalvar C: Efeitos imunomoduladores de ervas medicinais selecionadas e dos seus óleos essenciais: A comprehensive review. J Funct Foods. 94(105108)2022.
6. Rubió L, Motilva MJ e Romero MP: Avanços recentes em compostos biologicamente activos em ervas e especiarias: Uma revisão dos princípios activos antioxidantes e anti-inflamatórios mais eficazes. Crit Rev Food Sci Nutr. 53:943-953. 2013.PubMed/NCBI View Article : Google Acadêmico
7. Tapsell LC, Hemphill I, Cobiac L, Patch CS, Sullivan DR, Fenech M, Roodenrys S, Keogh JB, Clifton PM, Williams PG, et al: Health benefits of herbs and spices: The past, The present, the future. Med J Aust. 185 (S4):S1-S24. 2006.PubMed/NCBI View Article : Google Acadêmico
8. Aggarwal BB and Shishodia S: Molecular targets of dietary agents for prevention and therapy of cancer. Biochem Pharmacol. 71:1397-1421. 2006.PubMed/NCBI View Article : Google Acadêmico
9. Lim JW, Kim H e Kim KH: O fator nuclear kappaB regula a expressão da ciclo-oxigenase-2 e a proliferação celular em células de cancro gástrico humano. Lab Invest. 81:349-360. 2001.PubMed/NCBI View Article : Google Acadêmico
10. Shi G e Li D, Fu J, Sun Y, Li Y, Qu R, Jin X e Li D: Upregulation of cyclooxygenase- 2 is associated with activation of the alternative nuclear fator kappa B signaling pathway in colonic adenocarcinoma. Am J Transl Res. 7:1612-1620. 2015.PubMed/NCBI
11. Alam S, et al. Medicamentos tradicionais à base de plantas, metabolitos bioactivos e produtos vegetais contra a COVID-19: atualização dos ensaios clínicos e do mecanismo de ação. Front Pharmacol. 2021. https://doi.org/10.3389/fphar.2021.671498.
12. Harwansh RK, Bahadur S. Medicamentos à base de plantas para combater a COVID-19: nova batalha com uma arma antiga. Curr Pharm Biotechnol. 2022;23(2):235-60.
13. Elekhnawy E, Negm WA. A aplicação potencial de probióticos para a prevenção e tratamento de COVID-19. Egyp J Med Hum Gene. 2022;23(1):1-

9.
14. Cascella M. et al. Caraterísticas, avaliação e tratamento do coronavírus (COVID-19). Statpearls [internet]. 2022. Acedido em 1 de junho de 2022.
15. Elekhnawy E, Negm WA, El-Sherbeni SA, Zayed A. Avaliação dos medicamentos administrados no Médio Oriente como parte dos protocolos de gestão da COVID-19. Inflammopharmacology. 2022;26:1-20.
16. Elekhnawy E, Negm WA, El-Sherbeni SA, Zayed A. Avaliação dos medicamentos administrados no Médio Oriente como parte dos protocolos de gestão da COVID-19. Inflammopharmacology. 2022;26:1-20.
17. Hayder M. Al-kuraishy, Omnia Momtaz Al-Fakhrany, Engy ElekhnawyHervas tradicionais contra a COVID-19: voltar às velhas armas para combater a nova pandemia.
18. Jornal Europeu de Investigação Médica, volume 27, número do artigo: 186 (2022)
19. Newman, D. J. , & Cragg, G. M. (2016). Produtos naturais como fontes de novos medicamentos de 1981 a 2014. Jornal de Produtos Naturais, 79, 629-661. 10.1021/acs.jnatprod.5b01055
20. Islam, M. T. , Sarkar, C. , El-Kersh, D. M. , Jamaddar, S. , Uddin, S. J. , Shilpi, J. A. , & Mubarak, M. S. (2020). Produtos naturais e seus derivados contra o coronavírus: Uma revisão dos dados não clínicos e pré-clínicos. Phytotherapy Research, 34, 2471-2492. 10.1002/ptr.6700
21. Devi, S. A. , Umasanker, S. , & Babu, M. E. (2012). Um estudo comparativo das propriedades antioxidantes em especiarias indianas comuns. Revista Internacional de Pesquisa em Farmácia, 3, 465- 468\
22. Panpatil, V. V. , Tattari, S. , Kota, N. , & Polasa, K. (2013). Avaliação in vitro da atividade antioxidante e antimicrobiana de extratos de especiarias de gengibre, cúrcuma e alho. Journal of Pharmacognosy and Phytochemistry, 2, 143-148.
23. Patra, K. , Jana, K. , Mandal, D. P. , & Bhattacharjee, S. (2016). Avaliação da atividade antioxidante de extratos e princípios ativos de especiarias indianas comumente consumidas. Jornal de Patologia Ambiental, Toxicologia e

Oncologia, 35, 299-315.

24. Yashin, A. , Yashin, Y. , Xia, X. , & Nemzer, B. (2017). Atividade antioxidante das especiarias e seu impacto na saúde humana: Uma revisão. Antioxidantes, 6, 70. 10.3390/antiox603007
25. Ravishankar, B. , & Shukla, V. J. (2007). Sistemas indianos de medicina: Um breve perfil. Jornal Africano de Medicinas Tradicionais, Complementares e Alternativas, 4, 319-337.
26. X.M. Liu, J.Q. Zou, Z.X. Shen, G.Q. SuOverview of traditional Indian medicineModern Tradit Chin Med Materia Medica World Sci Technol, 7 (6) (2005), pp. 86-88
27. Vacinação contra a COVID-19 na Índia-Wikipediahttp://www.ayush.gov.in/ayush-guidelines.html
28. S Borkotoky M Banerjee Previsão computacional dos inibidores da proteína estrutural do SARS-CoV-2 da Azadirachta indica (Neem)J Biomol Struct Dyn20203911411121
29. A Mishra N Dave Envenenamento por óleo de Neem: relato de caso de um adulto com encefalopatia tóxicaIndian J Crit Care Med20131753212
30. LA Aldwihi SI Khan FF Alamri Y Alruthia F Alqahtani OI Fantoukh Comportamento dos doentes em relação a suplementos dietéticos ou à base de plantas antes e durante a COVID-19 na Arábia SauditaInt J Environ Res Public Health202118105086
31. A Jafarzadeh S Jafarzadeh M Nemati Potencial terapêutico do gengibre contra a COVID-19: Existem provas suficientes? J Tradit Chin Med Sci2021842679
32. https://www.britannica.com/plant/black-cumin.
33. MR Khazdair S Ghafari M Sadeghi Possíveis efeitos terapêuticos da Nigella sativa e da sua timoquinona na COVID-19Pharm Biol2021591696703
34. Kumar PK, Kumar MR, Kavitha K, Singh J e Khan R. Pharmacological actions of Ocimum sanctum- review article. Int J Adv Pharm Biol Chem. 2012;1: 406-414.
35. N Singh Y Hoette R Miller Tulsi: The Mother Medicine of Nature2nd edInternational Institute of Herbal MedicineLucknow20102847

36. AK Mishra V Gupta SP Tewari O rastreio in silico de alguns compostos bioactivos de ocorrência natural prevê potenciais inibidores da protease SARS-CoV-2 (COVID-19)-Indian J Biochem Biophys202158541625
37. BAC Rattis SG Ramos MRN Celes Curcumin as a Potential Treatment for COVID- 19Front Pharmacol20211267528710.3389/fphar.2021.675287

A ciência por detrás da meditação: Como ela altera a química do nosso corpo

Neelam Pal, Kiran Singh

Departamento de Química

V. S. S. D. College, Kanpur, 208 002

Correio eletrónico: neelampal2007@yahoo.com

Resumo

A meditação, uma prática ancestral, tem impactos bioquímicos profundos no corpo humano, promovendo o bem-estar físico e mental. Este artigo explora os mecanismos intrincados através dos quais a meditação influencia as principais hormonas e neurotransmissores. Ao ativar o sistema nervoso parassimpático, a meditação induz o relaxamento, reduzindo o cortisol, a hormona do stress, e promovendo a resiliência contra condições crónicas relacionadas com o stress. Melhora o humor, aumentando os níveis de serotonina e dopamina, que regulam a estabilidade emocional e a motivação, e aumenta a oxitocina, a "hormona do amor", melhorando os laços sociais e a empatia. Além disso, a meditação atenua a inflamação e o stress oxidativo, reduzindo as citocinas pró-inflamatórias e reforçando as defesas antioxidantes, protegendo assim contra as doenças crónicas. O seu papel na regulação da melatonina melhora a qualidade do sono, enquanto as alterações epigenéticas associadas à meditação activam genes ligados a uma melhor função imunitária e à redução do stress. Os conhecimentos estruturais de moléculas como o cortisol, a serotonina, a dopamina, a oxitocina e a melatonina elucidam os seus papéis específicos e interações bioquímicas. Estas descobertas realçam o potencial da meditação para recalibrar a química do corpo, oferecendo uma abordagem holística à saúde. A prática regular não só alivia o stress e aumenta o bem-estar emocional, como também melhora os processos fisiológicos a nível celular. Ao integrar a meditação nas rotinas diárias, os indivíduos podem aproveitar o seu poder transformador para alcançar o equilíbrio, a cura e uma melhor saúde geral.

Palavras-chave: Meditação, Alterações bioquímicas, Hormona do stress, Inflamação,

Stress oxidativo,Epigenética

A meditação é praticada há milhares de anos, mas só recentemente os cientistas começaram a descobrir o seu impacto no corpo humano a nível químico. Este capítulo explora a fascinante ligação entre a meditação e as alterações bioquímicas que desencadeia, oferecendo uma visão sobre como uma simples prática pode melhorar significativamente o bem-estar mental e físico.

O que acontece durante a meditação?

A meditação é mais do que simplesmente sentar-se em silêncio; envolve a concentração ativa da mente. Quando medita, o seu corpo e mente passam de um estado de stress para um estado de relaxamento. Esta mudança ativa o sistema nervoso parassimpático, também conhecido como o sistema de "descanso e digestão". Esta ativação provoca uma cascata de reacções bioquímicas, influenciando tudo, desde as hormonas aos químicos cerebrais.

Hormonas do stress: Reduzir os níveis de cortisol

Um dos efeitos mais bem documentados da meditação é a sua capacidade de reduzir o stress através da diminuição dos níveis de cortisol. O cortisol é uma hormona libertada durante situações de stress para ajudar o corpo a responder a ameaças. No entanto, o stress crónico leva a níveis de cortisol consistentemente elevados, o que pode causar problemas de saúde como ansiedade, pressão arterial elevada e imunidade enfraquecida. A meditação ajuda a acalmar a mente e a reduzir a produção de cortisol. Estudos demonstraram que as pessoas que meditam regularmente têm níveis de cortisol mais baixos, o que as faz sentir mais relaxadas e resistentes ao stress.

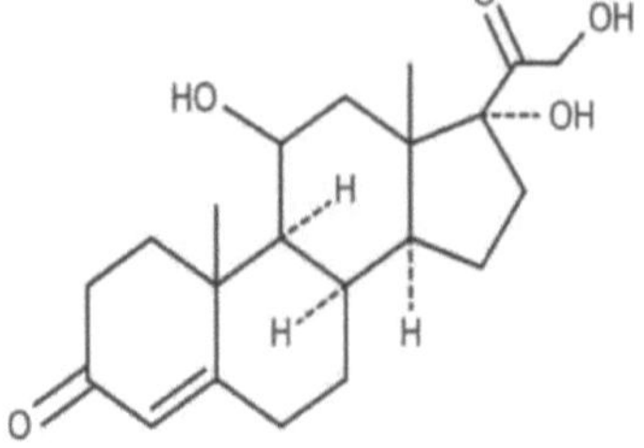

Fig.1 Cortisol ($C_{21}H_{3o}O_{5}$)

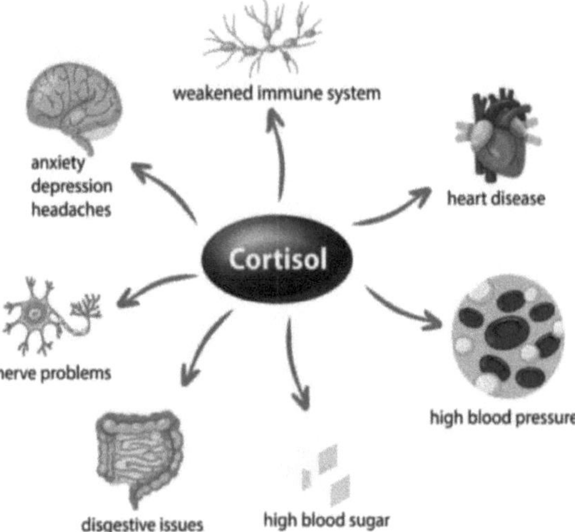

Fig. 2 O efeito do Cortisol no corpo humano

O cortisol (C21H3oO5) é uma hormona esteroide com uma estrutura de quatro anéis derivada do colesterol. Na fig. 1, os grupos funcionais incluem:

Grupos hidroxilo (-OH) em C11, C17 e C21, essenciais para a solubilidade em água e a ligação ao recetor. Grupo cetona (-C=O) em C3, crucial para a estabilidade molecular e a regulação dos genes.

Ligação dupla (C=C) entre C4 e C5, aumentando a afinidade do recetor. Grupos metilo (-CH3) em C18 e C19, aumentando a lipofilicidade para a permeabilidade da membrana. Grupo hidroximetil (- CH2OH) em C17, auxiliando o metabolismo.

Estes grupos permitem que o cortisol regule a resposta ao stress, a supressão imunitária e o metabolismo, ligando-se aos receptores de glucocorticóides e modulando a expressão genética.

Substâncias químicas do humor: Aumentar a Serotonina e a Dopamina

A meditação tem um impacto positivo em neurotransmissores como a serotonina e a dopamina, que regulam o humor e a felicidade.

Serotonina: Conhecida como o químico do "bem-estar", a serotonina ajuda a melhorar o humor e a reduzir os sentimentos de depressão. A meditação aumenta os níveis de serotonina ao promover o relaxamento e a atenção plena, conduzindo a uma perspetiva mais positiva da vida.

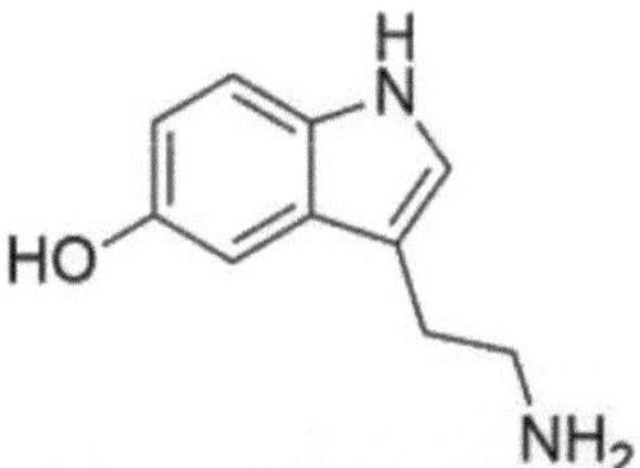

Fig. 3 Serotonina (C1oH12N2O)

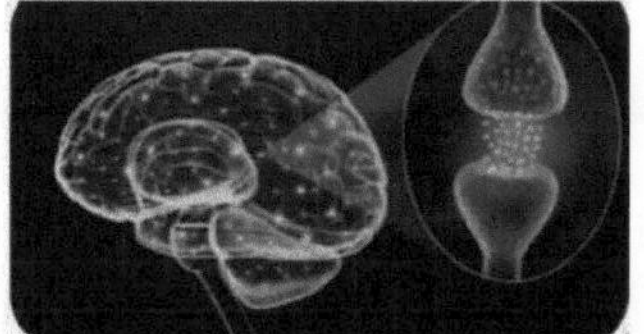

Fig. 4 Papel importante da serotonina

A serotonina (C1oH12N2O) é um neurotransmissor com um anel indol, um grupo hidroxilo (-OH), um grupo amina (-NH2) e uma cadeia etílica (-CH2-CH2-), como mostra a figura 3.

Anel de indole: Espinha dorsal estrutural para a ligação ao recetor. Grupo hidroxilo: Aumenta a solubilidade e a interação com o recetor. Grupo amina: Crítico para a atividade do neurotransmissor. Cadeia etílica: Proporciona flexibilidade para a ligação.

Estes grupos permitem que a serotonina regule o humor, o sono, o apetite e os processos fisiológicos.

Dopamina: Este químico é responsável pelas sensações de prazer e recompensa. A meditação aumenta os níveis de dopamina, fazendo-o sentir-se mais motivado e satisfeito.

Ao equilibrar estes neurotransmissores, a meditação cria uma sensação de estabilidade emocional e bem-estar.

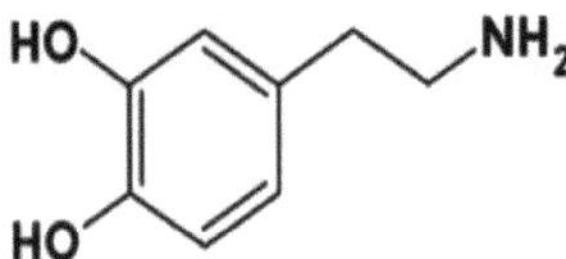

Fig. 5 Dopamina (CsHnNO?)

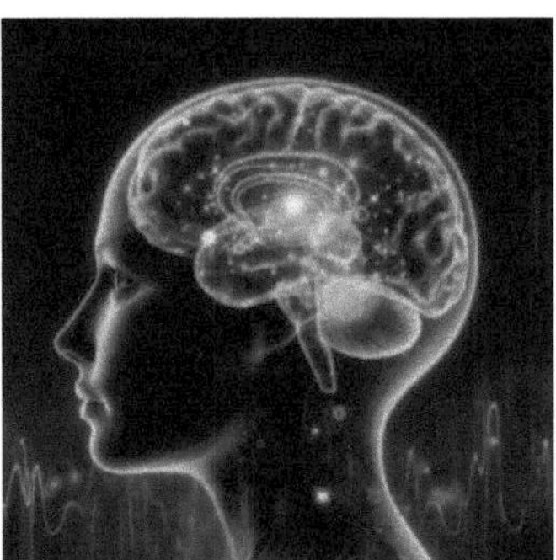

https://tinyurl.com/Dopamine7

Fig. 6 Psicologia da toxicodependência

Como mostra a fig. 4, a dopamina (CsHnNO?) é constituída por: Grupo Catecol (-C6H4(OH)2): anel de benzeno com dois grupos hidroxilo para ligação ao recetor. Grupo amina (-NH2): Chave para a atividade do neurotransmissor. Cadeia etil (-CH2-CH2-): Liga os grupos catecol e amina para flexibilidade estrutural.

Estes grupos permitem que a dopamina regule eficazmente o humor, a recompensa e as funções motoras.

Oxitocina: A hormona do amor

A oxitocina, frequentemente designada por "hormona do amor", é libertada durante interações sociais positivas e promove sentimentos de ligação e confiança. A meditação, especialmente práticas como a meditação do amor e da bondade, tem demonstrado aumentar os níveis de oxitocina. Isto pode melhorar as relações e promover um maior sentido de empatia e compaixão.

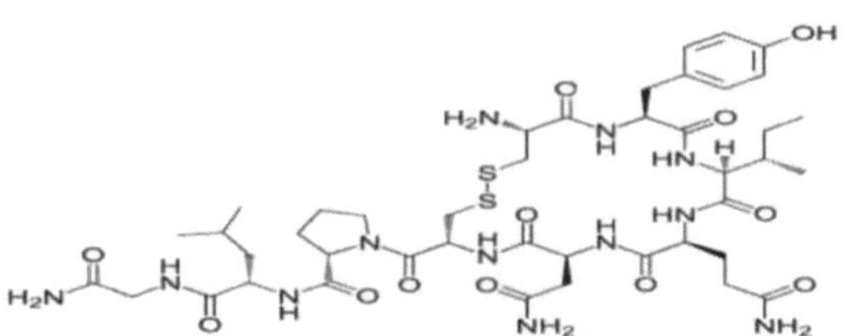

Fig. 7 Oxitocina ($C_{43}H_{66}Ni_{2}Qi_{2}S_{2}$)

Fig. 8 Hormona do amor

A oxitocina ($C43H_{66}N12O12S2$) é uma hormona não peptídica cíclica, como se mostra na fig. 7, com uma ligação dissulfureto (-S-S): estabiliza a estrutura cíclica. Grupos amida (-CONH2): formam ligações peptídicas que ligam os aminoácidos. Grupo hidroxilo (-OH): ajuda na ligação ao recetor. Grupo amina (- NH2): ativa os receptores, cadeias laterais: Proporcionam especificidade para as interações com os receptores.

Estas caraterísticas permitem que a oxitocina regule os laços sociais, o parto e a lactação.

Reduzir a inflamação e o stress oxidativo

A inflamação crónica e o stress oxidativo estão associados a muitas doenças, incluindo doenças cardíacas e diabetes. A meditação ajuda a reduzir a inflamação, diminuindo os níveis de substâncias químicas pró-inflamatórias, como as citocinas.

Diminui também o stress oxidativo, reforçando as defesas antioxidantes naturais do organismo, protegendo as células dos danos.

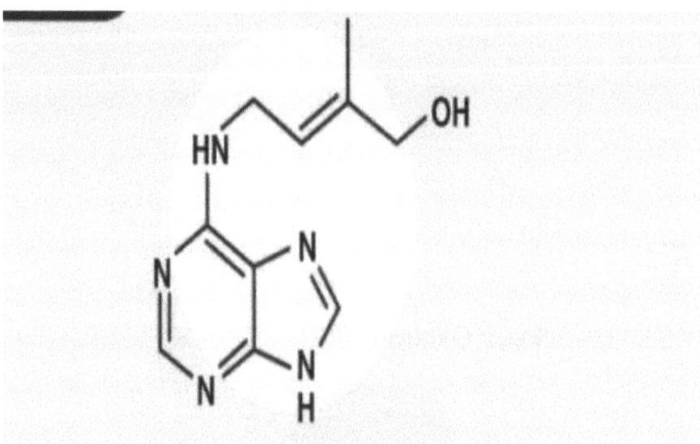

Fig. 9 Citocinas

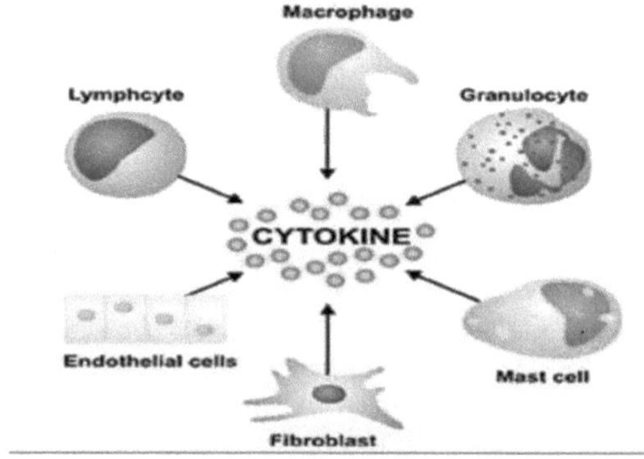

https://surl.li/qxmvzy

Fig. 10 Tempestades de citocinas

As citocinas são pequenas proteínas (5-20 kDa) que actuam como moléculas de sinalização no sistema imunitário. A sua estrutura e grupos funcionais variam consoante o tipo (por exemplo, interleucinas, interferões, factores de necrose tumoral), mas partilham caraterísticas comuns:

Espinha dorsal peptídica: Composto por aminoácidos ligados por ligações peptídicas (-CONH-), Ligações dissulfureto (-S-S): Proporcionam estabilidade ao formar laços na sua estrutura, Cadeias laterais hidrofílicas: Facilitam a solubilidade e a interação com os receptores. Locais de glicosilação (-CHO): Em algumas citocinas, os grupos de açúcar aumentam a estabilidade e a ligação aos receptores.

Estas caraterísticas permitem que as citocinas regulem eficazmente as respostas imunitárias, a inflamação e a comunicação celular.

Melhorar as hormonas do sono: Regulação da melatonina

A meditação também pode influenciar a melatonina, a hormona que regula o sono. Uma mente relaxada produz mais melatonina, o que promove um sono reparador. É por isso que muitas pessoas que meditam relatam uma melhor qualidade de sono e menos problemas com insónias.

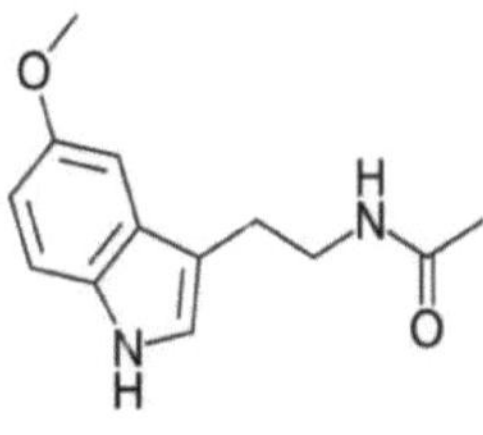

Fig.11 Melatonina ($Ci_3Hi_6N_2Q_2$)

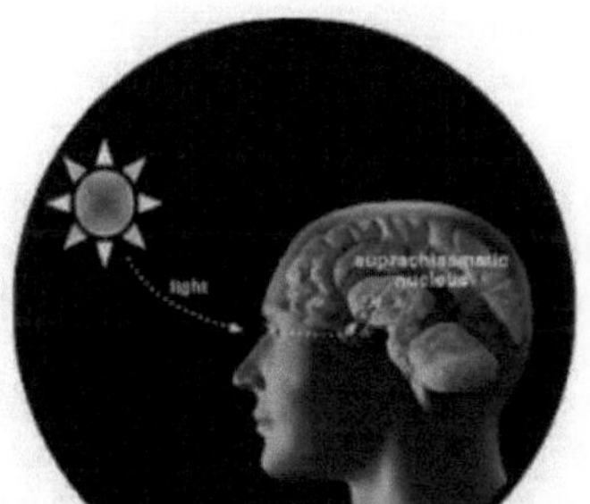

https://bit.ly/4iYCvE5

Fig. 12 Hormona do sono

A melatonina ($C13H1_{6}N2Q2$) é uma hormona derivada da serotonina que regula os ciclos de sono-vigília. A Fig. 11 mostra a estrutura da melatonina, que contém um anel de indole, uma estrutura bicíclica que forma a espinha dorsal e ajuda na ligação ao recetor. O grupo metoxi (-QCH3) ligado ao anel indol que influencia a solubilidade e a atividade. Grupo amida (-CQNH2) presente na extremidade da cadeia lateral, essencial para a interação com o recetor.

Estes grupos permitem à melatonina regular eficazmente os ritmos circadianos e os processos fisiológicos.

Mudanças epigenéticas: Desbloqueando a expressão de genes mais saudáveis através da meditação

O fascinante campo da epigenética revelou que o nosso ambiente e comportamentos podem influenciar a forma como os nossos genes são expressos sem alterar a sequência de ADN subjacente. Uma forma particularmente poderosa de conseguir mudanças epigenéticas positivas é através da meditação. Estudos sugerem que a meditação regular pode "ligar" genes associados a uma melhor função imunitária e, simultaneamente, "desligar" genes ligados ao stress crónico e à inflamação. Este efeito profundo mostra que a meditação não só melhora o bem-estar mental como também melhora a saúde física a nível celular, tornando-a uma prática transformadora para o bem-estar holístico.

Como a epigenética e a meditação se cruzam

A epigenética refere-se às modificações na atividade dos genes que ocorrem devido a factores ambientais e a escolhas de estilo de vida. Ao contrário das mutações genéticas, que alteram permanentemente a sequência do ADN, as alterações epigenéticas são reversíveis e são influenciadas por estímulos externos. A meditação, uma prática com raízes na atenção plena e no relaxamento, é atualmente reconhecida como um desses estímulos capazes de induzir modificações epigenéticas benéficas.

Quando medita, ativa o sistema nervoso parassimpático, frequentemente designado por modo "descansar-digerir". Isto reduz a atividade do eixo hipotálamo-pituitária-adrenal (HPA) relacionado com o stress, levando a uma diminuição dos níveis de cortisol. O cortisol, a principal hormona de stress do corpo, é conhecido por ter um impacto negativo na expressão genética, desencadeando frequentemente respostas inflamatórias e comprometendo a função imunitária. Ao atenuar a produção de cortisol, a meditação permite que os genes relacionados com o stress e a inflamação se tornem menos activos.

Simultaneamente, descobriu-se que a meditação promove a expressão de genes associados à saúde imunitária e à reparação celular. Por exemplo, a meditação regular pode aumentar a produção de telomerase, uma enzima que protege e repara os telómeros - as capas protectoras nas extremidades dos cromossomas. Telómeros mais longos e saudáveis estão associados a uma maior longevidade e a um menor risco de doenças relacionadas com a idade.

O papel da meditação na função imunitária

O sistema imunitário é fortemente influenciado pela expressão genética, e a meditação parece otimizar esta relação. A investigação demonstrou que a meditação aumenta a atividade dos genes responsáveis pela produção de células assassinas naturais (NK), que são cruciais para combater infecções e cancro. Além disso, a meditação tem demonstrado reduzir a expressão de genes pró-inflamatórios, que são frequentemente hiperactivos em indivíduos que sofrem de stress crónico ou de doenças auto-imunes.

Estes efeitos realçam a forma como a meditação serve de ponte entre a saúde mental e a resiliência física. Com uma prática de meditação consistente, pode treinar o seu corpo para responder ao stress de forma mais eficaz, aumentando a sua capacidade de reparar danos e evitar doenças.

Desativar a inflamação

A inflamação crónica é uma das principais causas de muitos problemas de saúde, incluindo doenças cardiovasculares, diabetes e até distúrbios de saúde mental como a depressão. Estudos epigenéticos indicam que a meditação pode suprimir a atividade das citocinas inflamatórias, proteínas que exacerbam a inflamação no corpo. Esta supressão é particularmente benéfica para indivíduos com doenças relacionadas com o stress, uma vez que cria um ambiente interno mais equilibrado.

A capacidade da meditação para "desligar" estes genes nocivos mostra o seu papel como uma intervenção natural e não invasiva para promover a saúde geral. Ao contrário dos medicamentos, que podem ter efeitos secundários, a meditação oferece uma forma sustentável e acessível de influenciar positivamente as vias genéticas.

Benefícios holísticos das alterações epigenéticas

Os efeitos epigenéticos da meditação vão para além da saúde física. Também melhoram a clareza mental, a regulação emocional e até as relações interpessoais.

Ao promover uma expressão genética mais saudável, a meditação fomenta um estado de equilíbrio que se irradia por todos os aspectos da vida.

Fig. 13 A meditação influencia a epigenética para aumentar a imunidade, reduzir a inflamação e melhorar a saúde geral.

Conclusão

A meditação é muito mais do que uma prática para a clareza mental; é uma ferramenta transformadora que influencia a nossa biologia a um nível fundamental. Através dos seus efeitos a longo prazo na expressão genética, a meditação pode ativar genes que melhoram a função imunitária e a reparação celular, ao mesmo tempo que suprime os genes ligados ao stress e à inflamação. Esta notável interação entre a meditação e a epigenética realça o seu profundo impacto na saúde física e mental.

Ao reduzir as hormonas do stress, aumentar as substâncias químicas que melhoram o humor e promover o bem-estar geral, a meditação funciona como uma abordagem holística para alcançar o equilíbrio e a cura. Quer o seu objetivo seja reduzir o stress, melhorar o sono ou promover a felicidade, a meditação liberta o potencial natural do seu corpo para restaurar e manter a saúde.

Incorporar a meditação na sua rotina diária é uma forma simples, mas altamente eficaz, de transformar a sua vida. Com cada respiração profunda e momento de atenção plena, dá um passo em direção a uma pessoa mais saudável, pacífica e harmoniosa.

Referências

1. Davidson, R. J., & McEwen, B. S. (2012). Influências sociais na neuroplasticidade: Stress e intervenções para promover o bem-estar. Nature Neuroscience, 15(5), 689-695.

2. Black, D. S., & Slavich, G. M. (2016). Meditação mindfulness e o sistema imunológico: Uma revisão sistemática de ensaios clínicos randomizados. Anais da Academia de Ciências de Nova York, 1373 (1), 13-24.

3. Cahn, B. R., & Polich, J. (2006). Estados e traços de meditação: EEG, ERP, e estudos de neuroimagem. Psychological Bulletin, 132(2), 180-211.

4. Goyal, M., et al. (2014). Programas de meditação para o stress psicológico e bem-estar: Uma revisão sistemática e meta-análise. JAMA Internal Medicine, 174(3), 357-368.

5. Lazar, S. W., et al. (2005). A experiência de meditação está associada a um aumento da espessura cortical. NeuroReport, 16(17), 1893-1897.

6. Lee, S. H., et al. (2019). Os efeitos da meditação na resposta ao stress e na função imunitária. Medicina Psicossomática, 81(3), 261-268.

7. Chiesa, A., & Serretti, A. (2009). Mindfulness-based stress reduction for stress management in healthy people: A review and meta-analysis. Journal of Alternative and Complementary Medicine, 15(5), 593-600.

8. Creswell, J. D., et al. (2012). Efeitos do treinamento de meditação mindfulness nos linfócitos T CD4 + em adultos infectados pelo HIV-1: Um pequeno ensaio aleatório controlado. Cérebro, Comportamento e Imunidade, 26(2), 207-214.

9. Kaliman, P., et al. (2014). Mudanças rápidas nas histona desacetilases e expressão de genes inflamatórios em meditadores especialistas. Psiconeuroendocrinologia, 40, 96-107.

10. Sudarshan, K., et al. (2011). O impacto da meditação na redução dos níveis de cortisol e do stress. Jornal de Fisiologia e Bioquímica do Stress, 7(3), 34-42.

11. Tang, Y. Y., et al. (2015). A neurociência da meditação mindfulness. Nature Reviews Neuroscience, 16(4), 213-225.

12. Dhabhar, F. S. (2009). Efeitos de reforço e supressão do stress na função imunitária: Implicações para a proteção imunitária e a imunopatologia. Neuroimmunomodulation, 16(5), 300-317.

13. Kabat-Zinn, J. (1990). Full Catastrophe Living: Using the Wisdom of Your Body and Mind to Face Stress, Pain, and Illness (Utilizar a sabedoria do corpo e da mente para enfrentar o stress, a dor e a doença). New York: Random House.

14. Brown, K. W., & Ryan, R. M. (2003). The benefits of being present: Mindfulness e o seu papel no bem-estar psicológico. Journal of Personality and Social Psychology, 84(4), 822848.

15. Pizzagalli, D. A. (2014). Depressão, stress e anedonia: Rumo a uma síntese e modelo integrado. Revisão Anual de Psicologia Clínica, 10, 393-423.

16. Wheeler, M. S., et al. (2016). Aumento da conetividade em estado de repouso na rede de modo padrão após o treinamento de meditação mindfulness. Frontiers in Human Neuroscience, 10, 594.

17. Vago, D. R., & Silbersweig, D. A. (2012). Autoconsciência, autorregulação e autotranscendência (S-ART): Uma estrutura para entender os mecanismos neurobiológicos da atenção plena. Frontiers in Human Neuroscience, 6, 296.

18. Farb, N. A., et al. (2007). Atender ao presente: A meditação mindfulness revela modos neurais distintos de auto-referência. Social Cognitive and Affective Neuroscience, 2(4), 313-322.

A saúde mental e o sistema imunitário

Dr. Shipra Srivastava
Professor Assistente Departamento de Psicologia
Colégio D.G.P.G, Kanpur
E-mail Id:-shipralko1975@gmail.com
Mob. N.º - 9935439605

RESUMO

A intrincada relação entre a saúde mental e o sistema imunitário realça a profunda influência do bem-estar psicológico na saúde física. Investigações emergentes demonstram que o stress crónico, a ansiedade e a depressão podem enfraquecer a função imunitária através da elevação do nível de cortisol e do aumento da inflação sistólica; por outro lado, a desregulação imunitária, marcada por marcadores inflamatórios elevados, como as citocinas, tem sido implicada no desenvolvimento de perturbações do humor, incluindo a depressão. A compreensão da relação dinâmica entre saúde mental e imunidade oferece um quadro holístico para promover o bem-estar geral. Ao integrar os cuidados psicológicos e imunológicos, podemos abordar tanto a mente como o corpo, promovendo a resiliência contra a doença e melhorando a qualidade de vida. Este capítulo fornece uma base para a compreensão da interação entre a saúde mental e a imunidade, salientando a necessidade de abordagens interdisciplinares à saúde

Introdução

O sistema imunitário é uma rede biológica e psicológica complexa que protege o organismo de infecções e agentes patogénicos. No passado, durante muito tempo, pensou-se que a inflamação e as doenças infecciosas eram apenas o resultado da herança genética e do funcionamento biológico do corpo, quando os factores patogénicos agiam dentro do organismo. Estudos efectuados nas últimas décadas sublinharam a importância do equilíbrio psicológico e da saúde mental na imunidade do organismo.

O estudo de psiconeuroimunologia indicou que os pensamentos e os padrões emocionais e a dinâmica psicológica estão fortemente inter-relacionados com a resposta imunitária.

Um estudo publicado na edição de novembro de 2002 da revista Health-psychology afirma que o sistema imunitário é prejudicado quando uma pessoa está constantemente sob stress, conhecido como stress crónico. A capacidade do sistema imunitário para combater invasões e infecções diminui em caso de um estado mental pouco saudável. Uma das razões mais simples para o mesmo pode ser o recurso a métodos nocivos para ultrapassar o stress e outras inquietações, como fumar e beber, que têm um impacto direto no seu corpo.

A saúde mental e o sistema imunitário estão profundamente interligados, influenciando-se mutuamente de formas complexas. Este capítulo explora a relação bidirecional entre a saúde mental e a função imunitária, com base em provas científicas e aplicações práticas.

2. O impacto da saúde mental na imunidade

- O stress e o cortisol:
  - O stress crónico ativa o eixo hipotálamo-pituitária-adrenal (HPA), aumentando os níveis de cortisol.
  - O cortisol suprime a função imunitária, inibindo a produção de linfócitos e de citocinas.

Um estudo da Universidade da Finlândia Oriental descobriu que a saúde mental tem um impacto no sistema imunitário. Faz sentido, uma vez que muitas vezes o stress mental e fisiológico se manifesta de forma física. O estudo foi realizado em crianças com um historial de stress fisiológico devido a experiências adversas na infância e a perturbações do sono. Os investigadores descobriram que o stress fisiológico interfere com a regulação do sistema imunitário, uma vez que diminui o nível de adiponectina, uma substância anti-inflamatória e um regulador-chave do nosso sistema imunitário natural. De acordo com uma investigação realizada pela Faculdade de Farmácia e Tecnologia Médica da Universidade da Jordânia para mulheres, o corpo gera cortisol quando está sob stress e reduz a circulação de linfócitos, que são necessários para combater corpos estranhos.

- Ansiedade e depressão
  - A ansiedade prolongada e os estados depressivos estão associados a um aumento da inflamação (por exemplo, citocinas elevadas como a IL-6 e o TNF-alfa).
  - Os indivíduos deprimidos apresentam frequentemente respostas imunitárias enfraquecidas, como a redução da atividade das células natural killer (NK).

- Sono e imunidade
  - Uma saúde mental deficiente conduz frequentemente a perturbações do sono, prejudicando os processos imunitários como a ativação das células T e a libertação de citocinas.

3. Efeitos do sistema imunitário na saúde mental

- Hipótese das citocinas para a depressão:
  - Níveis elevados de citocinas pró-inflamatórias estão implicados nas perturbações do humor.
  - A desregulação imunitária pode afetar os sistemas de neurotransmissores, como a serotonina e a dopamina, contribuindo para os sintomas depressivos.
- Doenças auto-imunes e inflamatórias crónicas:

o Doenças como a artrite reumatoide ou o lúpus coexistem frequentemente com a depressão
e ansiedade, sugerindo uma via partilhada que envolve disfunção imunitária.

4. Psiconeuroimunologia: Colmatando o fosso

A psiconeuroimunologia (PNI) examina a interação entre os estados psicológicos, o sistema nervoso e o sistema imunitário. As emoções positivas, a atenção plena e a gestão do stress melhoram os marcadores imunitários, como a produção de anticorpos. O apoio social e as relações fortes aumentam a imunidade e protegem contra perturbações da saúde mental. Por outro lado, os sistemas de apoio social fortes aumentam a resiliência e a imunidade.

O ioga parece modular os sistemas de resposta ao stress e aumentar a variabilidade da frequência cardíaca, o que aumenta a flexibilidade do corpo para responder ao stress. O ioga regular ajuda a reduzir o stress, a ansiedade e a depressão e deve ser incorporado na sua rotina diária.

Meditação:

A meditação está amplamente ligada à gestão das emoções negativas e do stress, o que melhora a saúde mental. Um estudo da Universidade de Wisconsin identificou que, após oito semanas de meditação, a atividade eléctrica no lobo frontal esquerdo, associada à atividade em pessoas optimistas, aumentou. Por isso, se está a lutar contra o stress ou o bem-estar psicológico, pratique meditação

Falar com alguém:

Muitas vezes, a causa do stress e da inquietação pode ser uma questão, um problema que afecta os seus sentimentos. Falar com alguém sobre o que está a passar reduz a carga mental e ajuda a sentir-se melhor. Sente-se apoiado e menos sozinho.

Passeio na natureza:

Passar algum tempo em ambientes naturais, dando um passeio em jardins e parques, alivia o stress e a ansiedade. Também pode optar por ir a um viveiro próximo ou, se tiver plantas em casa, passar algum tempo sentado perto delas.

5. Estratégias para otimizar a saúde mental e imunitária

- Gestão do stress:
    - Técnicas como o mindfulness, a meditação e o ioga reduzem o cortisol e os marcadores inflamatórios.

- Exercício:
    - O exercício físico regular e moderado melhora a vigilância imunitária e reduz a inflamação induzida pelo stress. Um estilo de vida físico saudável ajuda a melhorar o nosso bem-estar psicológico. As experiências aumentam a circulação sanguínea no cérebro, o que ajuda a pensar com clareza. Liberta substâncias crónicas como a endorfina e a serotonina para melhorar o humor. Quando se faz exercício, o sistema nervoso central e o sistema nervoso simpático do corpo comunicam entre si, permitindo assim uma melhor resposta ao stress.
- Nutrição:
    - Dietas anti-inflamatórias ricas em frutas, legumes e ácidos gordos ómega 3 apoiam a saúde mental e imunitária. Devem ser evitadas bebidas com elevado teor de cafeína, açúcar e álcool.
- Higiene do sono:
    - Um sono adequado e reparador é essencial para uma função imunitária e psicológica óptima.
- Intervenções terapêuticas:
    - Uma meta-análise muito recente analisou 8 tipos de intervenção psico-social: Terapia comportamental, terapia cognitiva, TCC, TCC mais tratamento, terapia de apoio, intervenções múltiplas ou combinadas, outras psicoterapias e psicoeducação para a

saúde mental também podem aumentar a resiliência imunitária.

- As intervenções comportamentais que reduzem a ansiedade ou o stress diminuem a intensidade ou a duração das respostas neuroendócrinas, o que permite alcançar um equilíbrio da função imunitária que promove o bem-estar e a saúde mental.

6. Aplicações do mundo real e estudos de caso

- Cuidados integrativos:

  - Combinar o tratamento da saúde mental com intervenções para apoiar a função imunitária pode melhorar os resultados em doenças como o cancro, doenças auto-imunes e síndrome da fadiga crónica.

Conclusão:- A relação intrincada entre a saúde mental e o sistema imunitário sublinha a importância de uma abordagem holística do bem-estar. A abordagem do sofrimento psicológico pode reforçar as defesas imunitárias, enquanto o apoio à saúde imunitária pode aliviar os problemas de saúde mental. Através de cuidados integrados, podemos promover a resiliência tanto na mente como no corpo. Eventualmente, este capítulo fornece uma base para compreender como a saúde mental e a imunidade interagem, enfatizando a necessidade de abordagens interdisciplinares à saúde.

Referências

[1] Como funciona o sistema imunitário - Escrito por Tim Newman em 11 de janeiro de 2018 - https://www.medicalnewstoday.eom/articles/320101#immunity

[2] O que é a saúde mental? - https://www.medicalnewstoday.eom/artieles/154543#early-signs

[3] Saúde mental Reforçar a nossa resposta - https://www.who.int/news-room/faet-sheets/detail/mental-health-strengthening-our-response

[4] Benefícios de uma boa saúde mental - https://toronto.emha.ea/doeuments/benefits-of-good-mental- health/

[5] O que é a saúde mental -https://www.mediealnewstoday.eom/artieles/154543

[6] Sinais de alerta de doença mental- https://www.psyehiatry.org/patients-families/warning-signs-of- mental-illness

[7] Demasiado stress prejudica o sistema imunitário- Nov 2002- https://www.webmd.eom/mental- health/news/20021104/too-mueh-stress-hinders-immune-system

[8] Como é que as perturbações de saúde mental podem https://www.sovteens.eom/mental- health/mental-health-disorders-ean-affeet-immune-afetar o sistema imunitário-system/#:-:text=Um%20estudo%20relevante%20da%20Finlândia,ean%20manifest%20em%20formas%20físicas

[9] Estudo sobre o cortisol - https://aeademie.oup.eom/labmed/artiele/31/3/163/2657077

[10] Exérese e saúde mental - https://www.healthdireet.gov.au/exereise-and-mental-health

[11] 5 benefícios mentais do exercício físico - https://www.waldenu.edu/online-baehelors-programs/bs-in- psyehology/resouree/five-mental-benefits-of-exereise

[12] Yoga para a ansiedade e a depressão- https://www.health.harvard.edu/mind-and-mood/yoga-for- ansiedade-e-depressão

[13] Benefícios da meditação para a saúde e redução do stress- https://www.webmd.eom/balanee/features/meditation-heals-body-and-mind#1

[14] Como cuidar da sua saúde mental- https://www.mentalhealth.org.uk/publieations/how-to- mental-health

[15] Hábitos fáceis que podem melhorar a sua saúde mental- https://www.webmd.eom/depression/ss/slideshow-easy-habits-improve-mental-health

EFEITO DOS MICROPLÁSTICOS NA SAÚDE HUMANA

Anuradha Tiwari*

*Departamento de Química Faculdade V.S.S.D, Kanpur

Correio eletrónico: tiwari2anuradha@rediffmail .com

RESUMO

Os plásticos são amplamente utilizados em muitas aplicações, desde embalagens de alimentos a dispositivos tecnológicos e equipamento médico descartável, o que os torna presentes na vida quotidiana. A acumulação de materiais plásticos no nosso ambiente é uma preocupação crescente, em grande parte devido às lentas taxas de degradação dos plásticos e às práticas insustentáveis que envolvem a sua utilização e eliminação. No entanto, a consequente exposição humana a micropartículas derivadas de materiais plásticos pode ter, com o tempo, efeitos nocivos. Sob diversas condições ambientais, estes plásticos sofrem um processo de fragmentação, estimulado pela degradação foto-oxidativa e termo-oxidativa, resultando na formação de partículas de microplástico. Estes minúsculos fragmentos infiltram-se nos nossos solos e nas águas subterrâneas, apresentando sérios riscos para a saúde humana e afectando negativamente as plantas, os nemátodos, as minhocas e as caraterísticas vitais dos nossos solos.

Palavras-chave: Microplástico, efeito nocivo, fotodegradação, poluentes orgânicos persistentes (POPs)

INTRODUÇÃO

A má utilização e a má gestão generalizadas dos plásticos duráveis culminaram em acumulações substanciais destes materiais, dando origem a um problema generalizado conhecido como poluição por plásticos. Este fenómeno tem implicações de longo alcance, ameaçando não só os organismos individuais, mas também ecossistemas inteiros e a saúde da população humana [1]. Quando expostos às condições ambientais, os plásticos fragmentam-se através da degradação foto e termo-oxidativa, produzindo partículas. A contaminação do solo e das águas subterrâneas com microplásticos prejudica a saúde humana [2], as plantas, os nemátodos, as minhocas e as propriedades do solo. A utilização e a gestão incorrectas dos plásticos duráveis conduziram a grandes acumulações deste material no ambiente (poluição por plásticos), o que representa um risco para os organismos, os ecossistemas e a saúde humana. O ciclo de vida dos plásticos deve ser melhorado através de um sistema integrado de gestão de resíduos, reduzindo os seus impactes ambientais.

Fig. 1: Enorme quantidade de resíduos de plástico produzidos pela sociedade

Apesar da crescente consciencialização, é pouco provável que a produção de resíduos de plástico pela sociedade cesse totalmente. No entanto, ao implementar melhorias na fase de produção, podemos otimizar os processos de reciclagem, permitindo que uma parte substancial dos resíduos de plástico seja reutilizada, substituindo parcialmente os plásticos virgens em novos produtos. Se forem introduzidas melhorias na fase de produção, a maior parte dos resíduos de plástico pode ser reciclada, substituindo parcialmente os plásticos virgens em novos produtos. Os plásticos que não podem ser reciclados podem ser recuperados através de métodos existentes para os converter em componentes químicos utilizáveis ou mesmo em energia. Apenas os resíduos produzidos por estas actividades devem ser depositados em aterros. Estas medidas requerem medidas de comando e controlo e económicas criadas pelos governos, medidas voluntárias das indústrias e mudanças no comportamento dos consumidores.

Os microplásticos são pequenas partículas de plástico com menos de 5 milímetros de dimensão. São um tipo de poluente ambiental que se tornou uma preocupação crescente devido à sua distribuição generalizada, persistência e potenciais efeitos nocivos nos ecossistemas e na saúde humana [3]. Uma vez que o plástico marinho não conhece fronteiras, é necessária uma cooperação internacional para melhorar os sistemas de gestão dos resíduos em todos os países (ou, pelo menos, nos países costeiros). À medida que a concentração de plásticos nos oceanos estabiliza, as actividades de limpeza podem remover os plásticos do ambiente, enviando-os para a gestão de resíduos e ajudando os ecossistemas a recuperar da poluição por plásticos.

भारत में बिकने वाले नमक और चीनी के सभी ब्रांडों में माइक्रोप्लास्टिक

All salt, sugar brands have microplastics: Study

The Guardian

Plastics

Microplastics found in human blood for first time

Exclusive: The discovery shows the particles can travel around the body and may lodge in organs

Microplastics found in human brain for first time

प्लास्टिक में मौजूद तत्वों से स्तन कैंसर का खतरा

Fig. 2: Estudos mostram como o microplástico entra no corpo humano.

Foram encontrados microplásticos nos mares de todo o mundo. Os sais marinhos podem conter microplásticos porque são diretamente fornecidos pela água do mar. As respostas inflamatórias dos microplásticos são a inalação ou a ingestão de microplásticos, que podem levar à inflamação e ao stress oxidativo, contribuindo para doenças como perturbações respiratórias, problemas gastrointestinais e complicações cardiovasculares. Os microplásticos podem danificar as células e os tecidos. Os estudos indicam que os microplásticos podem acumular-se nos tecidos e interferir potencialmente com as funções celulares, conduzindo a citotoxicidade ou a respostas imunitárias deficientes. Os efeitos a longo prazo dos microplásticos são perigosos, uma vez que os microplásticos são uma preocupação relativamente recente, os seus efeitos a longo prazo na saúde humana permanecem em grande parte desconhecidos, mas podem envolver doenças crónicas ou efeitos sistémicos devido à exposição prolongada. Os microplásticos podem ser classificados em dois tipos principais com base na sua origem. Microplásticos primários e microplásticos secundários.

Microplásticos primários: São fabricados intencionalmente para serem pequenos para utilizações específicas, como as microesferas encontradas em produtos de higiene pessoal, como pasta de dentes, e cosméticos. Pellets/Nurdles são utilizados como matérias-primas no fabrico de plásticos. As fibras são utilizadas em têxteis sintéticos durante a lavagem.

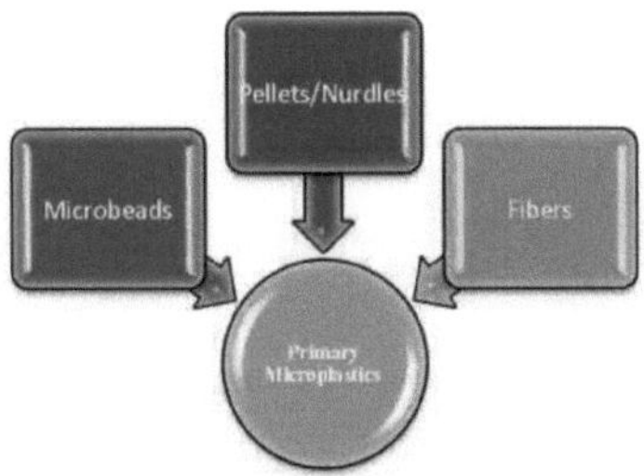

Fig. 3: Tipo de microplástico primário

Microplásticos secundários: Estes resultam da degradação de detritos plásticos maiores através de processos físicos. Os processos físicos são a abrasão e a fragmentação por ondas ou forças mecânicas. Os processos químicos podem decompor substâncias devido à radiação UV. Isto ocorre quando a luz UV fornece energia suficiente às moléculas, levando-as a sofrer reacções fotoquímicas. Estas reacções podem levar à quebra de ligações dentro das moléculas, resultando na degradação de vários materiais, incluindo polímeros, tecidos biológicos e mesmo certos produtos químicos. Os processos biológicos envolvem a contribuição da atividade microbiana para a fragmentação dos plásticos. Certos microrganismos, incluindo bactérias e fungos, desenvolveram mecanismos que lhes permitem degradar vários tipos de plásticos. Estes micróbios podem decompor as longas cadeias de polímeros dos plásticos em moléculas mais pequenas, que podem depois ser metabolizadas ou assimiladas na biomassa microbiana.

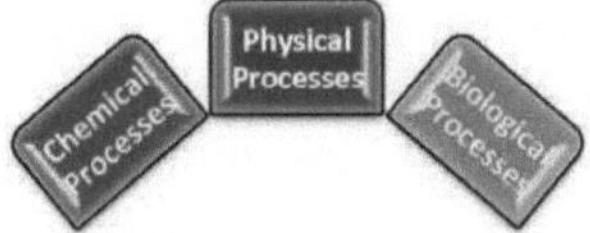

Fig. 4: Origem do microplástico primário

As fontes de microplásticos são as fontes terrestres e as fontes marinhas. Exemplos de fontes terrestres são o escoamento urbano, o desgaste dos pneus, os plásticos agrícolas e os têxteis sintéticos. Nos ecossistemas terrestres, os microplásticos acumulam-se nos solos e nos sistemas de água doce, afectando potencialmente a vida vegetal e microbiana. Vias de entrada no corpo humano Os microplásticos podem entrar no corpo humano através da inalação de microplásticos transportados pelo ar em poeiras ou emissões. As fontes marinhas são, por exemplo, as artes de pesca, os resíduos de plástico despejados nos oceanos e os microplásticos libertados pelos navios. Os ecossistemas marinhos são consumidos por organismos marinhos, afectando a sua saúde e as suas redes alimentares. Entram nos sistemas marinhos através da descarga de águas residuais, do escoamento superficial e da deposição atmosférica.

Plastic bottles and other waste are seen at Miramar beach.

THE MARINE MENACE

- NIO study has found that winds, tides, waves and surface currents of south-west monsoon are driving forces for transportation and deposition of MPPs released possibly from international vessels
- Study has said that polyethylene (PE) and polypropylene (PP) pellets deposited on beaches of Goa undergone various weathering processes with colour changing due to exposure to sun, and are often mistaken for food by pelagic and benthic marine organisms including zooplankton, amphipods and mussels
- Scientists have ruled out possibilities of terrestrial discharge of MPPs through rivers of Goa into Arabian Sea, as there are no MPPs manufacturing units located in state

"We have conducted neuston net towing in the major rivers (Mandovi, Zuari, Chapora and Sal) of Goa to assess the floating plastic debris and observed many secondary microplastics (plastic films, fibres and fragments). But we could not find any MPPs in estuarine waters. Hence the probable sources of MPPs depositing along the Goa coast could be ocean-based source than land-based source," the study has reckoned

Fig. nº: 5 Microplástico no sistema aquático

Acumulados em organismos que se alimentam por filtração, peixes e mariscos, que servem de via direta para a entrada de microplásticos na cadeia alimentar humana. Nocivos para a vida marinha através de obstrução física, ingestão e lixiviação química. Podem atuar como vectores de poluentes como os metais pesados e os poluentes orgânicos persistentes (POP).

Encontram-se microplásticos no cérebro humano [4]. Os microplásticos podem atravessar a barreira hemato-encefálica através de mecanismos de transporte facilitados pelas suas pequenas dimensões e propriedades de superfície. Os nanoplásticos, em particular, são preocupantes devido à sua elevada mobilidade e atividade biológica, potencialmente indutora de inflamação, stress oxidativo e perturbação das funções celulares no tecido cerebral. A exposição a longo prazo aos microplásticos pode estar associada ao aparecimento de perturbações neurológicas. Os microplásticos nos sistemas marinhos acabam por afetar os seres humanos através do consumo de marisco, especialmente em culturas que dependem fortemente de peixe e marisco. Os organismos marinhos [5] de níveis tróficos superiores acumulam microplásticos, aumentando o seu impacto quando consumidos pelos seres humanos. Além disso, os microplásticos podem servir de transportadores de substâncias químicas nocivas [6], como os poluentes orgânicos persistentes (POP) e os compostos desreguladores endócrinos, que podem interferir com as funções hormonais e celulares vitais do corpo humano [7].

Os Poluentes Orgânicos Persistentes (POPs) são um grupo de produtos químicos tóxicos. Os produtos químicos industriais, como o hexaclorobenzeno e os bifenilos policlorados, são muito tóxicos. Pesticidas como a Aldrina, o Clordano, o DDT, a Dieldrina, o HCB, o Mirex e a Endrina, etc., desempenham um papel importante nos Poluentes Orgânicos Persistentes (POP). Estas substâncias contribuem significativamente para a carga tóxica nos ecossistemas, sendo que algumas, como as dioxinas e os furanos, surgem como subprodutos não intencionais de processos industriais [8].

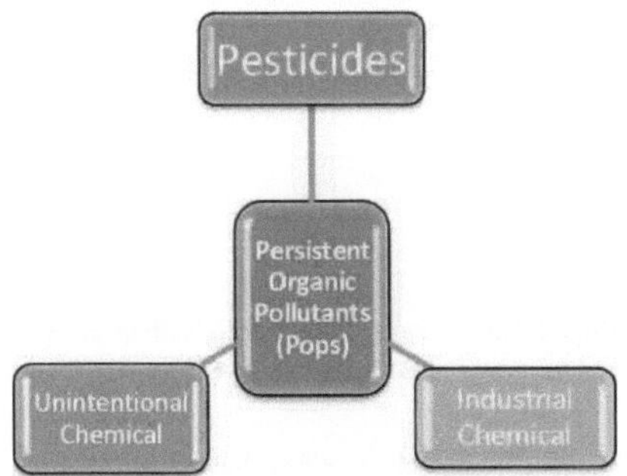

Fig. 6: Poluentes Orgânicos Persistentes (Pops)

Os microplásticos não se degradam facilmente, permanecendo no ambiente [9] durante décadas ou séculos. Toxicidade Libertam substâncias químicas nocivas como os bisfenóis e os ftalatos. Ligam e transportam poluentes no ambiente [10, 11]. A bioacumulação acumula-se nos organismos e sobe na cadeia alimentar. Esta bioacumulação representa um risco substancial, uma vez que estas partículas ascendem na cadeia alimentar, acabando por ter um impacto na saúde humana através de mecanismos que envolvem o stress oxidativo, a inflamação e a perturbação de processos celulares essenciais.

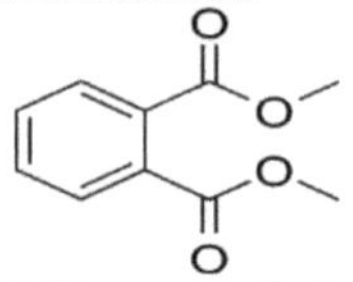

Fig. 7: Estrutura do ftalato

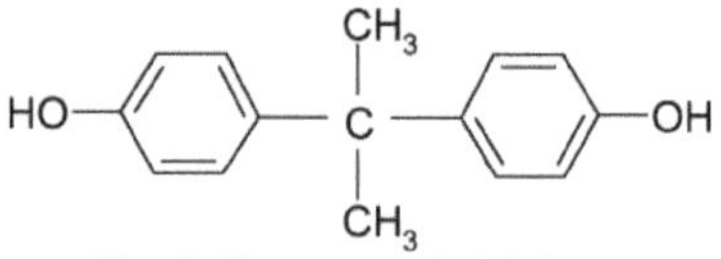

Fig. 8: Estrutura do bisfenol

CONCLUSÃO

Este estudo exaustivo sublinha a necessidade urgente de abordar a crise dos microplásticos devido à sua natureza omnipresente nos ecossistemas marinhos e ao seu potencial impacto na saúde humana. Investigações recentes revelaram a presença de microplásticos em tecidos humanos, incluindo a placenta, a corrente sanguínea e os pulmões. De forma alarmante, uma investigação realizada em 2023 confirmou a presença de microplásticos em tecidos cerebrais humanos durante exames de autópsia. As estratégias incluem a melhoria das tecnologias de reciclagem para minimizar a fuga de resíduos plásticos para os ecossistemas, garantindo métodos de eliminação adequados para evitar a fragmentação, defendendo práticas responsáveis de consumo e eliminação de plásticos, apoiando iniciativas destinadas a limpar áreas poluídas, como praias e cursos de água, e desenvolvendo materiais e revestimentos inovadores concebidos para inibir a decomposição de plásticos em microplásticos.

REFERÊNCIAS

1. Zachary Lett, Abigail Hall, Shelby Skidmore, Nathan J. Alves " Microplástico e neoplástico ambiental: rotas de exposição e efeitos na coagulação e no sistema cardiovascular Poluição ambiental "Volume 291, 15, 2021
2. Di Wu, Yudong Feng, Rui Wang, Jin Jiang, Quanquan Guan, Xu Yang, Hongcheng Wei, Yan kai Xia, Yongming Luo "Pigment microparticles and microplastics found in human thrombi based on Raman spectral evidence" Journal of Advanced Research Volume 49, Pages 141- 150, 2023

3. Christian Ebere Enyoh 1, Arti Devi, Hirofumi Kadono, Qingyue Wang e Mominul Haque Rabin "The Plastic Within: Microplastics Invading Human Organs and Bodily Fluids Systems" *Environments, 70*(11), **2023**
4. Revel, M.; Châtel, A.; Mouneyrac, C. Micro (Nano) Plastics: Uma ameaça para a saúde humana? Curr. Opin. Environ. Sci. Health, 1, 17-23, 2018
5. https://www.genevaenvironmentnetwork.org/resources/updates/plastics-and-health
6. https://svalbardi.com/blogs/water/microplastics
7. Schirinzi, G.F.; Pérez-Pomeda, I.; Sanchís, J.; Rossini, C.; Farré, M.; Barceló, D. Cytotoxic Effects of Commonly Used Nanomaterials and MPs on Cerebral and Epithelial Human Cells. Environ. Res., 159, 579-587, 2017
8. Schwabl, P.; Koppel, S.; Konigshofer, P.; Bucsics, T.; Trauner, M.; Reiberger, T.; Liebmann, B. Deteção de vários MPs nas fezes humanas: Uma Série de Casos Prospectivos. Ann. Intern. Med., 171, 453-457, 2019.
9. Eerkes-Medrano, Richard C. Thompson, David C. Aldridge "Microplastics in freshwater systems: A review of the emerging threats, identification of knowledge gaps and prioritization of research needs" Water Research Volume 75, 15, Pages 63-82, 2015
10. Zhaoqing Wang, Yulan Zhang, Shichang Kang, Ling Yang, Huahong Shi, Lekhendra Tripath ee, Tanguang Gao "Research progresses of microplastic pollution in freshwater systems" Science of The Total Environment, Volume 795, 15, 2021
11. Jingyi Li, Huihui Liu, J. Paul Chen, "Microplásticos em sistemas de água doce: A review on occurrence, environmental effects, and methods for microplastics detection" Water Research Volume 137, 15 June 2018

Efeitos psicológicos na saúde

Garima Verma[1], Prof. Abha Singh[2]

Bolseiro de Investigação, P.P.N.(P.G.) College, Kanpur[1]

Professor, Departamento de Psicologia, P.P.N.(PG) College, Kanpur[2]

garimaverma2k19@gmail.com

abhappn@yahoo.co.in

Resumo

A psicologia da saúde investiga a relação entre as variáveis psicológicas e a saúde física. O stress, o controlo emocional e a saúde mental têm um impacto nos sistemas corporais, tornando o bem-estar psicológico importante tanto para a prevenção como para o desenvolvimento de doenças. Este capítulo investiga a forma como os estados mentais e emocionais podem influenciar a saúde física, com especial ênfase no stress, nos mecanismos de controlo e na ligação mente-corpo. Destaca a importância dos elementos psicológicos em doenças crónicas como as doenças cardíacas, a diabetes e o cancro. Para além disso, o capítulo aborda o papel dos mecanismos de sobrevivência e do apoio social na gestão da saúde. As abordagens indígenas à cura psicológica, ancoradas em tradições como a atenção plena e a meditação, estão também a ser investigadas como intervenções viáveis para melhorar os resultados em termos de saúde. Os ensinamentos antigos, como os que se encontram no Bhagavad Gita, são vistos na psicologia moderna como soluções alternativas para a gestão do stress e o bem-estar geral. O capítulo termina com sugestões para incorporar técnicas psicológicas em terapias de saúde, encorajando assim abordagens holísticas ao bem-estar.

Introdução

A psicologia da saúde é uma área da psicologia que estuda a complexa ligação entre os processos psicológicos e a saúde física. Embora as questões de saúde física tenham sido, durante muito tempo, objeto de estudo médico, os avanços recentes realçaram a importância das variáveis psicológicas que influenciam os resultados de saúde. Estes elementos incluem o stress, o controlo emocional, os problemas de saúde mental, como a ansiedade e a depressão, e os métodos de sobrevivência que as pessoas utilizam para lidar com os obstáculos diários. Têm um impacto significativo na saúde física. Compreender como os factores psicológicos afectam a saúde e como estas descobertas podem ser aplicadas para promover o bem-estar. Ao fundir as descobertas científicas com os conhecimentos tradicionais, esperamos fornecer uma compreensão completa da forma como os factores psicológicos afectam a saúde e como estes conhecimentos podem ser utilizados para melhorar o bem-estar.

A ligação mente-corpo

A mente e o corpo estão inextricavelmente interligados. De acordo com o estudo da psicologia da saúde, os estados de espírito psicológicos podem influenciar a saúde física, modificando sistemas biológicos como a função imunológica, a saúde cardiovascular e o controlo hormonal. A ligação mente-corpo realça a importância do bem-estar psicológico na manutenção da saúde física. O stress crónico tem sido relacionado com uma variedade de problemas de saúde física, incluindo doenças cardiovasculares, hipertensão, diabetes e até doenças auto-imunes. O stress e as emoções negativas podem também enfraquecer o sistema imunitário, tornando o corpo mais vulnerável a infecções e outros problemas de saúde.

O stress psicológico e os seus efeitos na saúde

No domínio da psicologia da saúde, o stress é uma das variáveis psicológicas mais investigadas. Descreve a forma como o sistema nervoso autónomo e a libertação de hormonas do stress, como o cortisol e a adrenalina, são desencadeados no corpo em reação a uma ameaça ou desafio percebido. O stress crónico pode resultar em problemas de saúde a longo prazo, como a melancolia, as doenças cardíacas, a obesidade e as perturbações gastrointestinais, mas as reacções de stress a curto prazo podem ser úteis para ajudar as pessoas a reagir a ameaças que surgem de imediato. Dada a intensidade e a permanência destes factores de stress, os profissionais de saúde correm um risco substancial de stress crónico, que é cada vez mais reconhecido como um fator que contribui para uma série de problemas de saúde física, incluindo doenças cardiovasculares, hipertensão e dificuldades de sono (Kunzler et al., 2020; Sovold et al., 2021).

O ciclo de saúde do stress

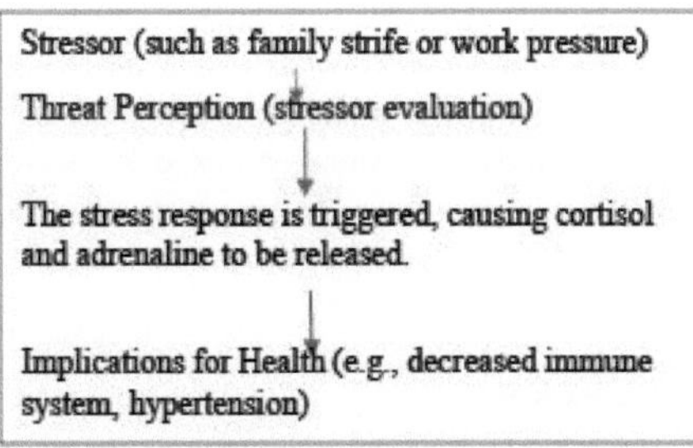

Fig 1.1 (Fluxograma do Ciclo de Saúde do Stress)

Doenças como o esgotamento, a depressão e a ansiedade estão ligadas ao stress crónico, que alimenta o ciclo vicioso da falta de saúde. A conceção de terapias que incentivem o relaxamento e a resiliência exige uma compreensão do papel que o stress desempenha na saúde.

Stress crónico e função imunitária

Quando uma pessoa está stressada, o corpo entra em modo de "luta ou fuga", activando o sistema nervoso autónomo e provocando a libertação de hormonas do stress, como o cortisol e a adrenalina. Estas hormonas ajudam o corpo a responder a dificuldades agudas, mas se o stress for prolongado, a secreção regular destas hormonas pode diminuir a função imunitária, deixando o corpo mais suscetível a doenças e infecções. O stress a longo prazo tem sido associado a doenças crónicas como as doenças cardiovasculares, a diabetes e os problemas gastrointestinais (Turner et al., 2020; Lawn et al., 2020; Kiecolt-Glaser et al., 2010). O stress psicológico tem sido associado a alterações da função cardiovascular, da resposta imunológica e dos processos metabólicos, o que pode predispor os indivíduos para problemas de saúde a longo prazo.

O stress e o sistema cardiovascular

O sistema cardiovascular é especialmente vulnerável ao stress persistente. A exposição prolongada ao stress tem sido associada a um risco acrescido de hipertensão, doença cardíaca e acidente vascular cerebral. Os aumentos da pressão sanguínea e do ritmo cardíaco induzidos pelo stress, bem como as alterações dos mecanismos de coagulação do sangue, contribuem para danificar os vasos sanguíneos a longo prazo. Além disso, as pessoas que estão constantemente stressadas podem envolver-se em actividades perigosas, como fumar ou comer em excesso, o que aumenta o seu risco cardiovascular. De acordo com (Vaccarino, V., & Bremner, J. D. (2024), as evidências sugerem que as respostas fisiológicas ao stress desempenham um papel importante no risco de DCV, estando as perturbações hemodinâmicas, vasculares e imunológicas induzidas pelo stress particularmente implicadas. A fisiologia da resposta ao stress é controlada pelas áreas corticolímbicas do cérebro, que enviam sinais para o sistema nervoso autónomo. As variações nestes mecanismos reguladores podem explicar as disparidades interindividuais na suscetibilidade ao stress. As exposições crónicas, repetidas e cumulativas ao stress são susceptíveis de provocar alterações dinâmicas nos processos autonómicos, imunológicos e vasculares.

Perturbações psicossomáticas

Está provado que as componentes cognitivas e emocionais, nomeadamente as crenças disfuncionais, são cruciais para o início, a exacerbação e a manutenção dos SSD (Vaccarino & Bremner, 2024; Arnáez et al., 2020; McDaniel et al., 1995; Claassen-van Dessel et al., 2018). As doenças psicossomáticas ocorrem quando o stress psicológico provoca sintomas físicos que não são totalmente explicados por condições médicas. As dores de cabeça crónicas, as dificuldades gastrointestinais (como a síndrome do intestino irritável), o desconforto nas costas e a exaustão são também exemplos comuns. Estas perturbações são reais e a sua origem é mais psicológica do que física. Abordar a fonte subjacente do stress através de intervenções psicológicas como a terapia ou técnicas de relaxamento pode ajudar a diminuir estes sintomas.

Saúde mental e saúde física: Depressão e ansiedade

As perturbações da saúde mental, como a tristeza e a ansiedade, têm um impacto substancial na saúde em geral. Estes problemas surgem frequentemente a nível físico e o seu impacto na saúde é tanto direto como indireto.

Depressão e função imunitária

A depressão é mais do que um simples estado de espírito; pode afetar o sistema imunitário e causar inflamação no corpo. De acordo com estudos, as pessoas que sofrem de depressão apresentam níveis mais elevados de marcadores inflamatórios, o que pode aumentar o risco de doenças crónicas como as doenças cardiovasculares, a diabetes e até o cancro. O diagnóstico de uma doença médica grave é frequentemente visto como um stress grave na vida, com elevadas taxas de depressão (Cassem 1995).

De acordo com uma meta-análise realizada por McDaniel et al. (1995), 24% dos doentes com cancro sofrem de depressão grave. Além disso, a depressão pode perturbar os hábitos de sono, resultando em insónias ou excesso de sono, o que pode prejudicar a saúde em geral. É do conhecimento geral que os episódios depressivos iniciais ocorrem frequentemente na sequência de um grande acontecimento desfavorável na vida (Paykel, 2001). Além disso, há provas de que os acontecimentos stressantes da vida provocam o início da depressão (Hammen, 2005; Kendler et al., 1999).

A ansiedade e o sistema nervoso

A ansiedade, que é frequentemente caracterizada por uma preocupação ou medo excessivos, pode causar um estado de consciência constante, exercendo pressão sobre o sistema nervoso. Com o tempo, este nível persistente de excitação pode levar a problemas de saúde como tensão arterial elevada, tensão muscular, enxaquecas e desconforto gastrointestinal. (Faravelli & Pallanti, 1989; Finlay-Jones & Brown, 1981) As perturbações de ansiedade estão também associadas a um risco acrescido de desenvolvimento de doenças cardiovasculares e podem resultar em estratégias de sobrevivência pouco saudáveis, como o consumo excessivo de álcool ou más escolhas nutricionais. As experiências de vida stressantes também precedem frequentemente os problemas de ansiedade.

O papel do bem-estar emocional na saúde

O bem-estar psicológico é mais do que apenas a ausência de doença mental; inclui também boas emoções como a felicidade, o contentamento e a resiliência. O bem-estar emocional positivo tem um impacto significativo na saúde física, encorajando escolhas de estilo de vida mais saudáveis, melhorando a função imunológica e atenuando os impactos do stress.

Resiliência e saúde

A resiliência, ou a capacidade de adaptação à adversidade, é uma qualidade psicológica fundamental que promove a saúde mental e física. As pessoas resilientes conseguem gerir melhor o stress e recuperar de condições difíceis. De acordo com a investigação, a resiliência está associada a uma inflamação reduzida, a uma função imunológica melhorada e a um menor risco de doenças crónicas, como a hipertensão e as doenças cardíacas. O desenvolvimento da resiliência através de intervenções psicológicas como a terapia cognitivo-comportamental (TCC) ou o treino da atenção plena pode ter um impacto significativo na saúde em geral. A resiliência tem sido associada ao bem-estar (Harms, P et al., 2018).

O impacto das emoções positivas

Está provado que as emoções positivas, como o apreço, a alegria e o amor, proporcionam vantagens substanciais para a saúde. Estes sentimentos podem reforçar o sistema imunitário, baixar a tensão arterial e aumentar a qualidade do sono. As pessoas que sentem emoções felizes de forma consistente são mais propensas a adotar melhores hábitos, como a atividade física, a boa alimentação e o envolvimento social. As emoções negativas, como a raiva, a mágoa e a frustração, podem prejudicar o sistema imunitário e contribuir para uma série de problemas de saúde física.

Mecanismos de enfrentamento e seu papel na saúde

As estratégias de sobrevivência são métodos que as pessoas utilizam para controlar o stress e diminuir os seus impactos negativos na saúde. Também são possíveis estratégias de coping adaptativas ou desadaptativas. As tácticas de confronto desadaptativas, como o abuso de substâncias, o evitamento e a ruminação, tendem a agravar as consequências para a saúde física e psicológica, ao passo que as estratégias de confronto adaptativas incluem a resolução de problemas, o trabalho em rede e as técnicas de relaxamento.

As estratégias de sobrevivência centradas no problema implicam a adoção de medidas concretas para resolver a causa do stress. Por exemplo, confrontar questões interpessoais ou cumprir os prazos do trabalho pode ajudar as pessoas a sentirem-se menos stressadas e a evitar os impactos físicos negativos do stress. O objetivo do coping centrado nas emoções é controlar a reação emocional ao stress. Métodos como a respiração profunda, a meditação, a atenção plena e os exercícios de relaxamento são estratégias populares de lidar com as emoções que diminuem os impactos fisiológicos do stress, incluindo a redução dos níveis de cortisol e da frequência cardíaca.

O apoio social e os seus benefícios para a saúde

O apoio social é um dos instrumentos mais importantes para a gestão do stress. De acordo com numerosos estudos, redes sociais fortes ajudam as pessoas a gerir o stress e a reduzir o risco de desenvolver problemas de saúde, como depressão ou doenças cardiovasculares. Ao oferecer consolação, ajuda prática e um sentimento de comunidade, o apoio social atenua os impactos negativos do stress.

Apoio social e proteção contra o stress

1. Social Support (Emotional, Instrumental, Informational)
2. Stress Exposure
3. Diminished Physiologic Stress Reaction
4. Improved Health Results

A procura de apoio social é um dos mecanismos mais importantes e eficazes para promover o bem-estar físico e mental. Ao promover a saúde mental e a resiliência, estas técnicas diminuem os impactos negativos do stress.

Práticas de cura indígenas e saúde psicológica

As práticas de cura indígenas dão geralmente ênfase a abordagens holísticas que integram o bem-estar mental, físico, emocional e espiritual; a meditação, a atenção plena, os rituais comunitários e a medicina herbal são elementos comuns nas práticas de saúde de muitas culturas indígenas. As culturas indígenas de todo o mundo há muito que reconhecem a importância da ligação mente-corpo na manutenção da saúde. A meditação e a atenção plena são duas práticas utilizadas há séculos em muitas culturas indígenas, nomeadamente nas tradições orientais. Estudos psicológicos actuais confirmaram que a meditação da atenção plena é benéfica para reduzir o stress, a ansiedade e a depressão, bem como para melhorar a saúde em geral. O relaxamento, a atenção e o controlo emocional são melhorados pela meditação.

Práticas tradicionais de cura:

O significado da comunidade, a ligação à natureza e o bem-estar espiritual são frequentemente enfatizados nos métodos de cura indígenas. Estes costumes, que se pensa ajudarem as pessoas a recuperar o seu equilíbrio e harmonia, podem envolver cerimónias, orações e a utilização de tratamentos naturais. Segundo a investigação, estes hábitos podem ser benéficos para a saúde mental, especialmente ao reduzir o stress e ao promover um sentido de comunidade.

O Bhagavad Gita:

Conhecimento Antigo para a Saúde Contemporânea o Bhagavad Gita, uma obra-chave da filosofia hindu, fornece conselhos perspicazes sobre como as pessoas podem controlar melhor o seu stress, diminuir os maus sentimentos e apoiar a saúde mental. No Gita, o Senhor Krishna realça o valor da auto-realização, da realização das tarefas sem apego e do distanciamento dos resultados das actividades. Para reduzir o stress e melhorar a saúde física, estes ensinamentos colocam uma forte ênfase no controlo emocional, na aceitação e na atenção plena.

कर्मण्येवाधिकारस्ते मा फलेषु कदाचन ।
मा कर्मफलहेतुर्भूर्मा ते सङ्गोऽस्त्वकर्मणि ॥ 47 ॥

Tradução:

Versículo 47: *"O teu direito é apenas cumprir o teu dever, mas nunca os seus frutos. Que os frutos da ação não sejam o teu motivo, nem que o teu apego seja à inação."*

Esta lição ajuda as pessoas a sentirem-se menos stressadas e ansiosas, salientando a importância de se concentrarem na ação em si e não no resultado.

Intervenções psicológicas para uma saúde melhor

Os psicólogos criaram várias estratégias para ajudar as pessoas a evitar problemas físicos e a melhorar o seu bem-estar psicológico. Para tratar doenças como o stress crónico, a ansiedade e a depressão, é comum utilizar a terapia cognitivo-comportamental (TCC), a redução do stress baseada na atenção plena (MBSR) e a terapia de aceitação e compromisso (ACT).

Terapia cognitivo-comportamental (TCC):

A terapia cognitivo-comportamental (TCC) ajuda as pessoas a reconhecerem e a alterarem padrões de pensamento prejudiciais que conduzem ao stress e a consequências negativas para a saúde. A terapia cognitivo-comportamental (TCC) pode melhorar a saúde mental e física, alterando os padrões de pensamento e de comportamento disfuncionais.

Redução do stress com base na atenção plena (MBSR):

Um programa sistemático denominado Redução do Stress com Base na Atenção Plena (MBSR) utiliza a consciência corporal e a meditação com base na atenção plena para reduzir o stress e melhorar o bem-estar. A investigação indicou que a MBSR pode ajudar as pessoas a baixar a tensão arterial, a gerir a dor crónica e a diminuir os sintomas de ansiedade e desespero.

Terapia de Aceitação e Compromisso (ACT):

A ACT dá ênfase à aceitação de emoções desafiantes em vez de tentar reprimi-las ou fugir delas. O facto de encorajar as pessoas a adoptarem comportamentos que são consistentes com os seus valores pode resultar em melhores resultados em termos de saúde e numa maior flexibilidade psicológica.

Conclusão

O impacto psicológico na saúde é significativo, e a manutenção da saúde física é grandemente influenciada por aspectos mentais e emocionais. A ligação mente-corpo chama a atenção para a forma como o stress, as estratégias de confronto e o controlo emocional afectam os resultados em termos de saúde. As pessoas podem melhorar a sua saúde geral e a sua resiliência psicológica combinando técnicas de psicologia contemporânea com métodos terapêuticos tradicionais. O Bhagavad Gita e outros textos de sabedoria antiga fornecem conselhos perspicazes sobre a gestão do stress e a promoção da saúde mental e física. O domínio da psicologia da saúde precisa de continuar a investigar estas ligações e a criar tratamentos que tenham em conta os aspectos mentais e físicos da saúde. Seguir o caminho da verdade e da vida simples conduz a uma vida sem stress e a uma boa saúde. Definitivamente, uma mente saudável cria uma boa saúde.

Referências

1. Arnáez S, Garcia-Soriano G, Lopez-Santiago J, Belloch A. As crenças disfuncionais como mediadores entre os pensamentos intrusivos relacionados com a doença e os sintomas de ansiedade. *Behav Cogn Psychother.* (2020) 48:315-26. doi: 10.1017/S1352465819000535.
2. Claassen-van Dessel N, van der Wouden JC, Twisk JWR, Dekker J, van der Horst HE. Predicting the course of persistent physical symptoms: Desenvolvimento e validação interna de modelos de previsão para gravidade dos sintomas e status funcional durante 2 anos de acompanhamento. *J Psychosom Res.* (2018) 108:1-13. doi: 10.1016/j.jpsychores.2018.02.009.
3. Cassem EH. Transtornos depressivos em doentes clínicos: uma visão geral. Psychosomatics. 1995;36:S2-S10. doi: 10.1016/S0033-3182(95)71698-X.
4. Faravelli C, Pallanti S. Eventos recentes da vida e transtorno do pânico. Am. J. Psychiatry. 1989;146:622-626. doi: 10.1176/ajp.146.5.622.
5. Finlay-Jones R, Brown GW. Types of stressful life events and the onset of anxiety and depressive disorders. Psychol. Med. 1981;11:803-815. doi: 10.1017/s0033291700041301.
6. Hammen C. Stress e depressão. Annu. Rev. Clin. Psychol. 2005;1:293-319. doi: 10.1146/annurev.clinpsy.1.102803.143938.

7. Harms, P. D., Brady, L., Wood, D., e Silard, A. (2018). "Resiliência e bem-estar", em *Handbook of Well-Being,* eds E. Diener, S. Oishi e L. Tay (Salt Lake City, UT: DEF Publishers), 1-12.
8. Henningsen P, Zipfel S, Sattel H, Creed F. Management of functional somatic syndromes and bodily distress. *Psicoterapia Psicossomática.* (2018) 87:12-31. doi: 10.1159/000484413
9. Kiecolt-Glaser, JK, e Glaser, R. Psychological stress, telomeres, and telomerase. *BrainBehavImmun.* (2010) 24:529-30. doi: 10.1016/j.bbi.2010.02.002.
10. Kunzler, AM, Helmreich, I, Chmitorz, A, König, J, Binder, H, Wessa, M, et al. Intervenções psicológicas para promover a resiliência em profissionais de saúde. *Cochrane Database SystRev.* (2020) 2020:CD012527. doi: 10.1002/14651858.CD012527.
11. Lawn, S, Roberts, L, Willis, E, Couzner, L, Mohammadi, L, e Goble, E. Os efeitos do trabalho do serviço médico de emergência no bem-estar psicológico, físico e social do pessoal das ambulâncias: uma revisão sistemática da investigação qualitativa. *BMC Psychiatry.* (2020) 20:348. doi: 10.1186/s12888-020-02752-4.
12. McDaniel JS, Musselman DL, Porter MR, Reed DA, Nemeroff CB. Depression in patients with cancer. diagnosis biology and treatment. Arch. Gen. Psychiatry. 1995;2:89-99. doi: 10.1001/archpsyc.1995.03950140007002.
13. Paykel ES. Stress e perturbações afectivas no ser humano. Semin. Clin. Neuropsychiatry. 2001;6:4-11. doi: 10.1053/scnp.2001.19411.
14. Sovold, LE, Naslund, JA, Kousoulis, AA, Saxena, S, Qoronfleh, MW, Grobler, C, et al. Dar prioridade à saúde mental e ao bem-estar dos trabalhadores do sector da saúde: uma prioridade urgente para a saúde pública mundial. *Frente de Saúde Pública.* (2021) 9:679397. doi: 10.3389/fpubh.2021.679397.
15. Turner, AI, Smyth, N, Hall, SJ, Torres, SJ, Hussein, M, Jayasinghe, SU, et al. Psychological stress reactivity and future health and disease outcomes: a systematic review of prospective evidence. *Psiconeuroendocrinologia.* (2020) 114:104599. doi: 10.1016/j.psyneuen.2020.104599
16. Vaccarino, V., & Bremner, J. D. (2024). Stress e doenças cardiovasculares: uma atualização. *Nature reviews. Cardiologia, 21(9),* 603-616.
17. Xiong NN, Wei J, Ke MY, Hong X, Li T, Zhu LM, et al. Perceção da doença em pacientes com distúrbios gastrointestinais funcionais. *Front Psychiatry.* (2018) 9: 122. doi: 10.3389 / fpsyt.2018.00122.

Stress: desvendar os seus impactos na saúde

Apurva Bajpayee
Professor Assistente
Departamento de Psicologia
Colégio D.G.P.G., Kanpur
Endereço de correio eletrónico: apurvabapayee@gmail.com

Resumo

O stress é uma experiência generalizada que pode afetar significativamente a saúde física e mental. Este capítulo tem por objetivo fornecer uma visão global do stress, explorando a sua definição, os seus tipos e o processo de avaliação. O stress é classificado em agudo, crónico e episódico, cada um com implicações distintas para os indivíduos. O capítulo aborda as várias fontes de stress, incluindo factores ambientais, sociais e psicológicos. Um aspeto crítico do stress é o processo de avaliação, em que os indivíduos avaliam uma situação como ameaçadora ou controlável. Esta avaliação cognitiva influencia a forma como o stress é vivido e enfrentado.

O impacto fisiológico do stress é profundo, desencadeando a resposta de luta ou fuga do organismo, que pode afetar vários sistemas corporais, incluindo as funções cardiovascular, endócrina e imunitária. A exposição prolongada ao stress pode levar a problemas de saúde crónicos, como hipertensão, diabetes e enfraquecimento da defesa imunitária. A nível psicológico, o stress manifesta-se em respostas emocionais como a ansiedade, a depressão e o esgotamento. Estes impactos psicológicos interagem frequentemente com respostas fisiológicas, exacerbando os efeitos na saúde em geral. O sistema imunitário, em particular, sofre com o stress crónico, uma vez que níveis sustentados de cortisol podem prejudicar a função imunitária, tornando o corpo mais vulnerável a infecções e doenças.

O capítulo sublinha a interligação dos efeitos fisiológicos e psicológicos, destacando a importância de compreender o stress em toda a sua complexidade para gerir eficazmente as suas consequências.

Já se deparou com stress antes de um exame ou num acontecimento importante da vida, como o casamento? A observação indica tipicamente que, durante estas situações, a maioria das pessoas está tensa e desconfortável e, por isso, é incapaz de lidar com as exigências do ambiente. O conceito de stress inclui duas componentes principais: a física - que envolve o material direto e o corpo - e a psicológica, que diz respeito à forma como os indivíduos percepcionam as situações nas suas vidas (Lovallo, 2005). Estas componentes podem ser analisadas através de três perspectivas (Dougall & Baum, 2012):

1. O stress como estímulo: Centra-se em desafios externos ou factores de stress, como empregos exigentes, dores crónicas ou perda de um ente querido.

2. O stress como resposta: Examina as reacções dos indivíduos aos factores de stress, incluindo respostas psicológicas como o nervosismo e respostas fisiológicas como o coração acelerado ou a transpiração. Esta resposta é designada por tensão.

3. O stress como um processo*;* A terceira abordagem ao stress considera-o como um processo dinâmico que envolve tanto os factores de stress como as tensões, enfatizando a interação entre o indivíduo e o seu ambiente (Folkman et al., 1986; Lazarus & Folkman, 1984). Esta perspetiva destaca as transacções contínuas em que tanto a pessoa como o ambiente se influenciam mutuamente. O stress não é apenas um estímulo ou uma resposta, mas um processo em que os indivíduos moldam ativamente o impacto dos factores de stress através de estratégias comportamentais, cognitivas e emocionais. As pessoas variam nas suas respostas ao mesmo fator de stress; por exemplo, enquanto uma pessoa presa no trânsito pode reagir com frustração e raiva, outra pode manter-se calma e distrair-se ouvindo música.

O stress é definido como uma "condição que surge quando as interações levam um indivíduo a perceber um desfasamento entre as exigências - físicas ou psicológicas - de uma situação e os recursos disponíveis nos seus sistemas biológicos, psicológicos ou sociais para fazer face a essas exigências (Lazarus & Folkman, 1984; Lovallo, 2005). "Esta definição destaca a natureza subjectiva do stress, sublinhando o papel da perceção individual e da avaliação cognitiva para determinar se uma situação é sentida como stressante.

O stress e os seus tipos

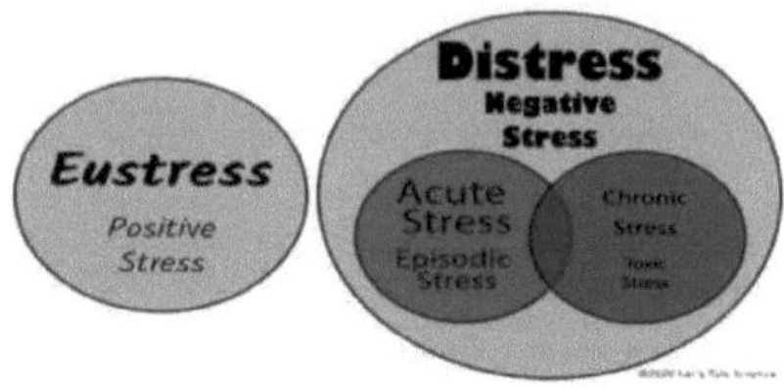

O stress é a resposta natural do corpo a desafios ou ameaças e pode afetar os indivíduos física, emocional e mentalmente. Pode ter origem em fontes internas ou externas, e o seu impacto depende da forma como é percepcionado e gerido. O stress é geralmente classificado em quatro tipos: Eustress, distress, stress agudo e stress crónico. **O Eustress,** também conhecido como stress positivo, motiva os indivíduos e melhora o seu desempenho e resiliência. É normalmente sentido durante situações excitantes mas exigentes, tais como

começar um novo emprego, preparar-se para um exame ou perseguir objectivos pessoais. Em contrapartida, a **angústia** é o stress negativo que domina o indivíduo, provocando ansiedade, frustração e redução da produtividade. Situações como a perda de um ente querido, uma crise de saúde ou conflitos numa relação causam frequentemente angústia. O stress pode ser **agudo** (curto prazo) ou **crónico** (longo prazo). O stress agudo é uma reação a curto prazo a desafios imediatos, como cumprir um prazo ou lidar com uma situação inesperada. É temporário e, muitas vezes, resolve-se quando o stressor é resolvido. Embora o stress agudo possa causar sintomas como um batimento cardíaco acelerado ou suores, também pode ser benéfico, aumentando a concentração e a capacidade de resolução de problemas. Por outro lado, o stress crónico é de longo prazo e resulta de problemas contínuos, como dificuldades financeiras, desafios no local de trabalho ou doença prolongada. Este tipo de stress pode ter consequências graves para a saúde, incluindo imunidade enfraquecida, hipertensão e perturbações da saúde mental, uma vez que mantém o corpo num estado de alerta constante.

Avaliação e stress

Segundo Richard Lazarus, o stress é um processo bidirecional que envolve a criação de factores de stress pelo ambiente e a resposta do indivíduo a esses factores. Esta levou à sua teoria da avaliação cognitiva, que explica como as pessoas avaliam o stress.

A avaliação cognitiva envolve a avaliação:

- A ameaça representada pelo fator de stress.
- Os recursos disponíveis para o gerir ou eliminar.

Consiste em duas fases:

Apreciação primária: Os indivíduos avaliam o significado de uma situação, classificando-a como irrelevante, positiva ou stressante. Podem considerá-la como uma ameaça (dano potencial), um desafio (uma oportunidade de crescimento) ou um dano-perda (dano já ocorrido).

Avaliação secundária: Os indivíduos avaliam a sua capacidade de lidar com o fator de stress, o que leva a respostas positivas ("Eu consigo lidar com isto") ou negativas ("Eu vou falhar"). No entanto, o stress pode, por vezes, contornar este processo, como acontece durante catástrofes súbitas em que as reacções são imediatas e instintivas.

Fontes de stress ao longo da vida

O stress afecta os indivíduos em todas as fases da vida, embora as suas fontes evoluam com a idade. O stress pode ter origem no próprio indivíduo, na família ou na comunidade e sociedade em geral.

Fontes internas da pessoa

A doença é uma fonte significativa de stress, uma vez que impõe exigências físicas e psicológicas. O stress causado pela doença varia em função da sua gravidade e da idade do indivíduo. Por exemplo, as crianças concentram-se no desconforto imediato ou nas limitações de atividade, enquanto os adultos se preocupam frequentemente com as consequências a longo prazo, como a incapacidade (Coico & Sunshine, 2009; Gouin et al., 2008; La Greca & Stone, 1985). O stress também resulta de conflitos internos que envolvem objectivos ou decisões concorrentes, como a escolha entre ofertas de emprego ou tratamentos médicos. Estes conflitos criam forças opostas - aproximação e evitamento - tornando as decisões mais stressantes, especialmente quando os resultados são incertos ou têm consequências graves (Miller, 1959).

Os motivos sociais, como a necessidade de ligação e de estatuto, são outra fonte crítica de stress. As experiências de rejeição, isolamento, fracasso ou desrespeito podem causar angústia significativa, levando a respostas fisiológicas como o aumento da pressão arterial e níveis elevados de cortisol (Baumeister & Leary, 1995; Bosch et al., 2009; Smith et al., 2012). A rejeição social é particularmente stressante, desencadeando frequentemente circuitos cerebrais associados à dor física (Eisenberger, 2012). Do mesmo modo, a interação com indivíduos de estatuto superior ou a competição com outros pode evocar respostas de stress (Mendelson et al., 2008). Os objectivos inatingíveis também levam a

stress, especialmente quando a frustração se acumula ao longo do tempo. A investigação levada a cabo por Wrosch e colegas destaca os benefícios de abandonar objectivos irrealistas e procurar novos objectivos. Os indivíduos que ajustam os seus objectivos experimentam uma redução do stress, menos sintomas depressivos, melhor regulação do cortisol e melhor saúde geral (Jobin & Wrosch, 2016; Wrosch et al., 2008).

As fontes de stress nas famílias podem ter várias origens, incluindo a adição de um membro da família, conflitos de relacionamento, doença ou morte. Embora as famílias proporcionem frequentemente conforto, também podem ser uma fonte de tensão devido a questões como dificuldades financeiras, objectivos opostos ou comportamentos irreflectidos.

Adição de um membro da família: O acolhimento de uma nova criança, embora alegre, pode ser stressante, sobretudo para as mães durante a gravidez e o pós-parto, para os pais e para as outras crianças que se adaptam à nova dinâmica. O stress pode ser exacerbado pelo temperamento da criança, uma vez que os bebés "difíceis", que choram frequentemente e resistem às mudanças, aumentam os desafios dos pais

(Buss & Plomin, 1975). O stress materno elevado durante a gravidez pode levar a partos prematuros e a um baixo peso à nascença, aumentando os riscos para a saúde do bebé e o stress para a família (Dunkel Schetter & Glynn, 2011; Kramer et al., 2009).

Conflito conjugal e divórcio: Conflitos conjugais frequentes e graves, muitas vezes decorrentes de finanças ou tarefas domésticas, elevam as respostas fisiológicas ao stress, incluindo o aumento do cortisol e da pressão arterial (Kiecolt-Glaser et al., 2005; Nealey-Moore et al., 2007). A tensão crónica e as interações hostis contribuem para perturbações do sono e riscos para a saúde (Troxel et al., 2009; Whisman & Ubelacker, 2012). O divórcio provoca transições stressantes nas circunstâncias sociais, residenciais e financeiras, afectando tanto os adultos como as crianças. Os ajustamentos podem levar anos, com as crianças a sofrerem potencialmente efeitos a longo prazo (Kushner, 2009; Sbarra & Portley, 2011). A dinâmica da família adotiva pode também introduzir factores de stress únicos (Preece & DeLongis, 2005).

Doença, incapacidade e morte: A doença nas crianças exige uma adaptação significativa das famílias, uma vez que as doenças crónicas exigem tempo, cuidados e recursos financeiros. Este stress pode levar a relações familiares tensas, a uma menor atenção dos pais para com os irmãos e até mesmo a PTSD nos pais (Cabizuca et al., 2009; Quittner et al., 1998). Para os adultos, a doença crónica pode causar tensão emocional e física nos prestadores de cuidados, com os cônjuges dos doentes a enfrentarem riscos acrescidos de ataque cardíaco ou AVC devido às exigências da prestação de cuidados (Ji et al., 2012). Os níveis de stress variam consoante a idade da pessoa doente e a intensidade das responsabilidades de prestação de cuidados (Berg & Upchurch, 2007). Os cuidadores de idosos, particularmente os que estão a gerir o declínio cognitivo, sofrem frequentemente uma tensão emocional e fisiológica grave, aumentando a suscetibilidade à doença (Martire & Schulz, 2001; Vedhara et al., 1999).

Por conseguinte, o stress familiar tem um impacto significativo no bem-estar físico e emocional, o que realça a necessidade de apoio e intervenções para atenuar os seus efeitos.

Stress na comunidade e na sociedade

Stress no trabalho:

O stress relacionado com o trabalho é uma fonte significativa de angústia diária, para a qual contribuem factores como cargas de trabalho excessivas, tarefas repetitivas, falta de controlo e conflitos interpessoais (Crompton, 2011; Schieman, 2013). O stress é exacerbado em profissões que envolvem riscos elevados, como os cuidados de saúde, a polícia ou o combate a incêndios, levando frequentemente à exaustão emocional ou ao esgotamento (Maslach, Schaufeli, & Leiter, 2001). A insegurança no trabalho, o reconhecimento inadequado e as más relações no local de trabalho também aumentam o stress, podendo afetar o sono, a saúde mental e até a saúde cardiovascular (Cottington & House, 1987; Eller et al., 2009). O stress no local de trabalho pode "transbordar " para a vida pessoal, afectando a dinâmica familiar (Melin et al., 1999).

Stressores ambientais:

Os factores ambientais, como a aglomeração, o ruído e as condições perigosas, criam stress (Evans, 2001). As catástrofes, como o derrame de petróleo da Deepwater Horizon, causaram sofrimento psicológico a longo prazo e instabilidade financeira nas comunidades afectadas (Grattan et al., 2011). Os bairros com baixo estatuto socioeconómico (SES) representam um stress crónico devido à pobreza, a recursos inadequados e a preocupações com a segurança, resultando em consequências adversas para a saúde, como doenças cardiovasculares e diabetes (Adler & Rehkopf, 2008; Chaix, 2009). Crescer nestas condições tem um impacto duradouro na saúde física (Loucks et al., 2009).

Discriminação e maus-tratos:

As experiências recorrentes de discriminação com base no rendimento, raça, orientação sexual ou vizinhança aumentam o stress e o risco de problemas de saúde como doenças cardiovasculares, cancro e baixo peso à nascença (Pascoe & Richman, 2009; Dominguez et al., 2008). Os jovens LGBTQ+ em comunidades hostis apresentam respostas de stress e abuso de álcool mais acentuados (Hatzenbuehler & McLaughlin, 2014). O stress, influenciado por factores biopsicossociais, surge de diversos contextos, como empregos, riscos ambientais, discriminação e condições socioeconómicas, afectando o bem-estar físico e mental (Taylor et al., 2007).

Como o stress afecta a saúde

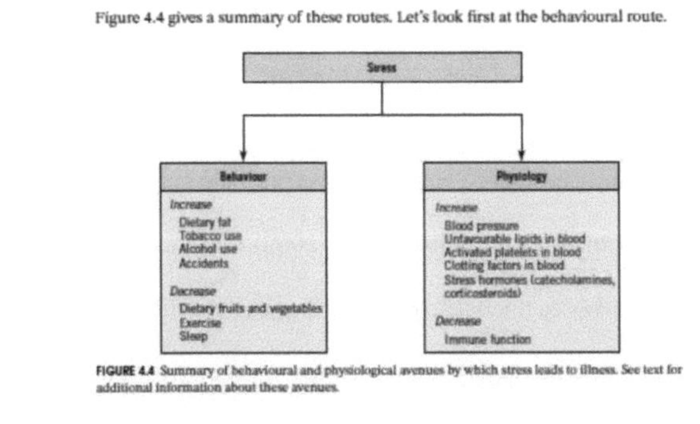
Figure 4.4 gives a summary of these routes. Let's look first at the behavioural route.

FIGURE 4.4 Summary of behavioural and physiological avenues by which stress leads to illness. See text for additional information about these avenues.

O stress tem impacto na saúde através de uma intrincada interação entre predisposição e experiências de vida, constituindo a base do modelo diátese-stress (Steptoe & Ayers, 2004). Este modelo sugere que a vulnerabilidade às perturbações depende de uma combinação de predisposições inerentes (diátese) e do grau de stress sofrido. As predisposições podem resultar de factores genéticos ou de influências ambientais, como as normas sociais que promovem comportamentos pouco saudáveis. O stress crónico, combinado com a suscetibilidade genética, aumenta a probabilidade de doenças como as doenças coronárias ou as constipações durante períodos de grande exigência, como os exames, em especial nos indivíduos com imunidade reduzida.

Stress e resposta imunitária

Um estudo seminal demonstrou a relação entre o stress e a resposta imunitária: os participantes expostos a um vírus da constipação apresentaram resultados diferentes consoante os seus níveis de stress (Cohen, Tyrrell, & Smith,

1991). 47% dos indivíduos muito stressados desenvolveram constipações, em comparação com 27% dos menos stressados. O stress crónico aumenta a vulnerabilidade às infecções, mas as emoções positivas e um sono de qualidade têm efeitos protectores (Cohen et al., 1998, 2006, 2009). O stress tem impacto no sistema imunitário através da libertação de catecolaminas e corticosteróides durante a excitação (Kemeny, 2007; Segerstrom & Miller, 2004). O stress a curto prazo ativa frequentemente a imunidade inespecífica, ao mesmo tempo que suprime a imunidade específica. No entanto, o stress crónico geralmente suprime ambos, levando a um aumento da inflamação, que pode perturbar as funções imunitárias ao longo do tempo. Esta inflamação pode ser medida através de marcadores no sangue ou na saliva, revelando respostas ao stress agudo ou crónico.

O stress também afecta a capacidade do sistema imunitário para combater as infecções e responder às vacinas. O aumento dos níveis de cortisol e de epinefrina reduz a atividade das células T e das células B, prejudicando as defesas do organismo contra os antigénios e contribuindo para doenças como o cancro e as infecções (Kiecolt-Glaser & Glaser, 1995; Vedhara et al., 1999). Uma maior atividade das células T assassinas está associada a melhores resultados em doentes com cancro (Kemeny, 2007; Uchino et al., 2007).

O sistema imunitário também combate os carcinogéneos como a radiação, o fumo do tabaco e o amianto, reparando os danos no ADN ou destruindo as células mutantes com células T assassinas. O stress, no entanto, reduz a produção de enzimas e a reparação do ADN, aumentando a vulnerabilidade às mutações (Glaser et al., 1985).

Esta ligação sublinha o papel do stress numa vasta gama de problemas de saúde, incluindo infecções, cancro e até complicações durante a gravidez, como o parto prematuro e o baixo peso à nascença (Chida & Mao, 2009; Dunkel Schetter, 2011). Por conseguinte, a gestão do stress é fundamental para manter a função imunitária e a saúde em geral.

Ligações comportamentais entre o stress e a doença

O stress influencia o comportamento, afectando indiretamente a saúde. Os acontecimentos stressantes da vida, como o divórcio, perturbam frequentemente as rotinas, como as refeições, o sono e os cuidados médicos, levando a hábitos pouco saudáveis, incluindo o tabagismo e dietas pobres (Gilbert et al., 2015). O stress elevado está correlacionado com o aumento do consumo de substâncias e a redução da atividade física, agravando as doenças (Baer et al., 1987; Cartwright et al., 2003). Além disso, as perturbações do sono induzidas pelo stress contribuem para os acidentes e dificultam a recuperação fisiológica (Hall et al., 2004).

Impacto fisiológico do stress

O stress crónico provoca alterações fisiológicas que desgastam os sistemas do corpo ao longo do tempo, um fenómeno designado por carga alostática (McEwen & Stellar, 1993). Cargas alostáticas elevadas estão associadas a um aumento das taxas de mortalidade entre os adultos mais velhos (Karlamangla et al., 2006). A reatividade ao stress nos sistemas cardiovascular, endócrino e imunitário amplifica ainda mais os riscos de doença (Juster, McEwan, & Lupien, 2010).

Stress no início da vida e impacto a longo prazo

A adversidade na infância, como o abuso ou a pobreza, incorpora biologicamente respostas ao stress, aumentando a vulnerabilidade futura a doenças através de mecanismos epigenéticos (Gilbert et al., 2015; McCrory et al., 2015). As evidências sugerem que o apoio social materno durante a gravidez atenua a reatividade dos bebés ao stress, enfatizando o papel dos ambientes acolhedores na formação da saúde a longo prazo (Thomas et al., 2017).

Reatividade Cardiovascular e Riscos para a Saúde

As respostas cardiovasculares ao stress incluem aumentos exagerados da frequência cardíaca e da pressão sanguínea, promovendo a doença coronária e a hipertensão (Everson et al., 2001; Manuck, 1994). O stress prolongado torna o sangue mais espesso, aumenta os níveis de colesterol e promove a aterosclerose (Wirtz et al., 2006). Estudos com animais confirmaram que as perturbações sociais induzidas pelo stress exacerbam estes efeitos, associando o stress crónico a doenças cardiovasculares (McCabe et al., 2002).

O sistema endócrino responde ao stress libertando catecolaminas e corticosteróides, contribuindo para a hipertensão, a aterosclerose e os distúrbios metabólicos (Hamer & Steptoe, 2012; Lundberg, 1999). Níveis elevados de cortisol durante episódios de stress estão correlacionados com atividade cardíaca errática, aumentando os riscos de morte súbita cardíaca (Williams, 2008). O apoio social pode atenuar estes efeitos, diminuindo a reatividade endócrina (Seeman & McEwen, 1996).

Psiconeuroimunologia

A psiconeuroimunologia é o estudo das interações entre os processos psicológicos, o sistema nervoso, o sistema endócrino e o sistema imunitário. Estes sistemas funcionam num ciclo de feedback: os sistemas nervoso e endócrino enviam sinais químicos, como neurotransmissores e hormonas, para regular a atividade imunitária, enquanto o sistema imunitário produz substâncias como as citocinas e a ACTH para fornecer feedback ao cérebro. O cérebro ajuda a manter um equilíbrio na função imunitária, uma vez que uma atividade imunitária insuficiente aumenta a suscetibilidade a infecções e uma atividade excessiva pode levar a doenças auto-imunes.

A ciência por detrás da psiconeuroimunologia

Para compreender como a saúde psicológica molda o sistema imunitário, é essencial aprofundar os mecanismos biológicos subjacentes que ligam o cérebro, o sistema nervoso e as respostas imunitárias.

O eixo HPA: um ator-chave no stress e na imunidade

O **eixo Hipotálamo-Pituitária-Adrenal (HPA)** é um dos sistemas mais críticos através do qual o stress psicológico influencia o sistema imunitário. Quando sofremos de stress, o cérebro envia um sinal ao hipotálamo para libertar a hormona libertadora de corticotropina (CRH), que por sua vez estimula a glândula pituitária a segregar a hormona adrenocorticotrópica (ACTH). A ACTH dá sinais às glândulas supra-renais para libertarem cortisol, uma hormona envolvida na resposta ao stress.

Embora o cortisol seja essencial para gerir o stress, a ativação prolongada deste sistema, devido ao stress crónico, leva a níveis mais elevados de cortisol, que podem suprimir as funções imunitárias. Níveis crónicos elevados de cortisol diminuem a capacidade das células imunitárias de responderem eficazmente aos agentes patogénicos, aumentando o risco de infecções e doenças.

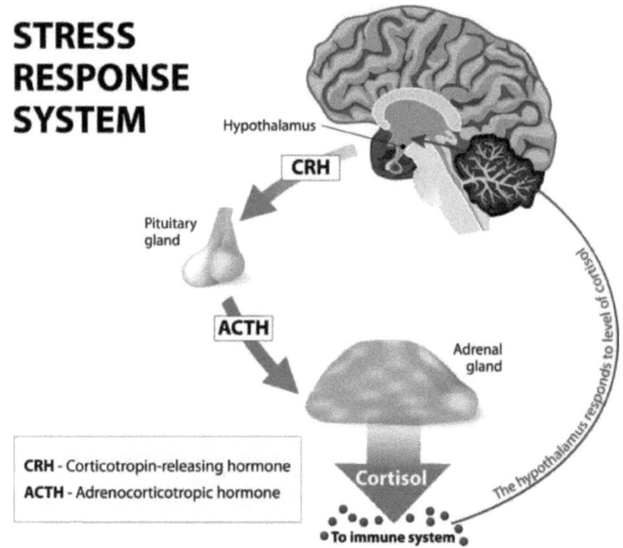

Citocinas: Os mensageiros do corpo

As citocinas são pequenas proteínas que estão envolvidas na sinalização celular. São produzidas por várias células do organismo, incluindo as células imunitárias, e ajudam a regular as respostas imunitárias. As citocinas também afectam a atividade cerebral, criando um elo de comunicação direto entre o sistema imunitário e o sistema nervoso central. Existem dois tipos principais de citocinas:

as citocinas pró-inflamatórias e **as citocinas anti-inflamatórias**. As citocinas pró-inflamatórias são produzidas durante infecções ou lesões para desencadear respostas imunitárias.

I. Citocinas pró-inflamatórias

As citocinas pró-inflamatórias estão principalmente envolvidas na promoção da inflamação, que é uma parte essencial do mecanismo de defesa do sistema imunitário . Em resposta a agentes patogénicos ou lesões, as citocinas pró-inflamatórias ajudam a recrutar células imunitárias para o local da infeção ou lesão e a activá-las para combater os organismos invasores. No entanto, quando as citocinas pró-inflamatórias são produzidas excessivamente ou por períodos prolongados, podem contribuir para a inflamação crónica, que está associada a inúmeras condições de saúde, incluindo doenças cardiovasculares, diabetes tipo 2, artrite reumatoide e cancro.

Stress psicológico e citocinas pró-inflamatórias:

O stress psicológico, especialmente o stress crónico, pode levar à produção excessiva de citocinas pró-inflamatórias. Isto acontece através da ativação do **eixo HPA** e da subsequente libertação de cortisol. Embora o cortisol seja geralmente anti-inflamatório, o stress crónico resulta num estado inflamatório prolongado devido a níveis elevados e sustentados de citocinas pró-inflamatórias. Pensa-se que esta inflamação elevada contribui para o desenvolvimento de várias condições de saúde mental, incluindo a depressão e a ansiedade, bem como de condições de saúde física, como as doenças cardiovasculares, a diabetes e as doenças auto-imunes

II Citocinas anti-inflamatórias

Por outro lado, **as citocinas anti-inflamatórias** actuam para reduzir a inflamação e contrabalançar os efeitos das citocinas pró-inflamatórias. Estas citocinas são cruciais para evitar que o sistema imunitário reaja de forma exagerada, o que poderia levar a danos nos tecidos ou a respostas auto-imunes. As citocinas anti-inflamatórias ajudam a resolver a inflamação após uma infeção ou lesão, promovendo a cura e a reparação dos tecidos.

Stress psicológico e citocinas anti-inflamatórias:

A relação entre a saúde psicológica e as citocinas anti-inflamatórias é mais complexa. Embora o stress agudo possa levar a um aumento das citocinas anti-inflamatórias,

O stress crónico está geralmente associado a uma diminuição da capacidade do organismo para produzir citocinas anti-inflamatórias suficientes. Este desequilíbrio entre citocinas pró-inflamatórias e anti-inflamatórias é um dos principais factores que contribuem para os efeitos prejudiciais do stress crónico na saúde. Além disso, os estados emocionais positivos, como a felicidade, o otimismo e a ligação social, têm sido associados a níveis mais elevados de citocinas anti-inflamatórias, sugerindo que a manutenção do bem-estar psicológico pode ajudar a apoiar a capacidade do organismo para gerir eficazmente a inflamação. Esta ligação tem implicações importantes para doenças como a depressão, em que uma diminuição das citocinas anti-inflamatórias pode contribuir para a persistência da doença.

O desequilíbrio das citocinas na doença

Um desequilíbrio entre as citocinas pró-inflamatórias e anti-inflamatórias é fundamental para o desenvolvimento de muitas doenças crónicas. Por exemplo, nas doenças auto-imunes, como a **artrite reumatoide, o lúpus** e **a esclerose múltipla**, o sistema imunitário visa erradamente os tecidos do próprio corpo, levando a uma inflamação persistente. Nestas condições, as citocinas pró-inflamatórias dominam, contribuindo para os danos nos tecidos e para a progressão da doença. Por outro lado, doenças como o **cancro** e **as infecções crónicas** estão associadas a respostas imunitárias suprimidas, muitas vezes devido à redução da atividade das citocinas anti-inflamatórias.

Além disso, os factores psicológicos podem exacerbar os desequilíbrios das citocinas. Foi demonstrado que **o stress crónico, a depressão** e **a ansiedade** elevam as citocinas pró-inflamatórias, o que pode não só aumentar a suscetibilidade a doenças físicas, mas também contribuir para a natureza crónica dessas doenças. Por conseguinte, a redução da angústia psicológica através de várias intervenções - como a meditação mindfulness, o exercício físico e a psicoterapia - tem demonstrado ajudar a restabelecer o equilíbrio das citocinas e a melhorar a saúde mental e imunitária

O papel das emoções na função imunitária

Tanto as emoções positivas como as negativas influenciam significativamente as respostas imunitárias. As emoções negativas, como o stress, a depressão e o pessimismo, prejudicam a imunidade, tal como se verifica nos prestadores de cuidados a doentes de Alzheimer, que apresentam uma função imunitária inferior e um aumento das doenças. Do mesmo modo, o stress provocado pelo desemprego tem sido associado à supressão do sistema imunitário, que melhora quando se volta a trabalhar. Por outro lado, as emoções positivas podem aumentar a imunidade, com estudos que demonstram que as experiências alegres levam a um aumento da produção de anticorpos.

Perturbação psicofisiológica no stress

As perturbações psicofisiológicas, anteriormente designadas por doenças psicossomáticas, referem-se a condições físicas causadas ou agravadas pela interação de factores psicológicos e fisiológicos. Estas doenças adoptam uma abordagem biopsicossocial, reconhecendo o papel do stress e dos factores emocionais na contribuição para as doenças.

Úlceras e Doença Inflamatória Intestinal (DII):

As perturbações digestivas, como as úlceras e a doença inflamatória intestinal (incluindo a colite ulcerosa e a doença de Crohn), provocam lesões no trato digestivo, causando dor e sangramento. O stress contribui para estas condições ao influenciar a produção de ácido gástrico, como demonstrado em estudos em que a tensão emocional aumentou a secreção de ácido gástrico.

Síndrome do Intestino Irritável (SII):

A SII provoca dor abdominal, diarreia e obstipação. O stress, quer seja precoce, crónico ou recente, desempenha um papel significativo no desencadeamento e exacerbação dos sintomas, provavelmente através de processos do sistema imunitário. O stress também pode surgir a partir de episódios de SII, criando um ciclo vicioso. A psicoterapia tem-se revelado eficaz no alívio dos sintomas da SII.

Asma:

A asma é uma doença respiratória caracterizada por inflamação dos brônquios, espasmos e acumulação de muco, causando dificuldades respiratórias. É influenciada por alergias, infecções respiratórias e factores biopsicossociais como o stress ou o exercício físico. O stress no início da vida aumenta a suscetibilidade e o stress posterior agrava a doençaA investigação indica que os factores psicossociais, como o stress familiar e o baixo apoio social, contribuem para o aparecimento e exacerbação da asma. O stress e a asma têm uma relação bidirecional - o stress pode agravar a asma, enquanto a asma contribui para o sofrimento emocional. Curiosamente, os sintomas de asma nas crianças diminuem frequentemente no ambiente hospitalar, mas reaparecem em casa, o que sugere influências psicossociais para além dos alergénios físicos.

Dores de cabeça recorrentes

Dois tipos comuns de dores de cabeça recorrentes são as dores de cabeça do tipo tensão e as enxaquecas:

Dores de cabeça do tipo tensional: Causadas por disfunção do sistema nervoso central e contração prolongada dos músculos da cabeça e do pescoço. Estas dores de cabeça têm a sensação de uma dor surda e constante ou de uma faixa apertada à volta da cabeça, com duração de horas a semanas.

Enxaqueca: Causada por dilatação dos vasos sanguíneos perto do cérebro e disfunção do tronco cerebral, envolvendo frequentemente o nervo trigémeo. A dor é aguda, latejante e localizada num dos lados da cabeça. Pode seguir-se uma aura (sintomas sensoriais como perturbações visuais) e é acompanhada de náuseas ou tonturas.

As dores de cabeça podem ser desencadeadas por factores como alterações hormonais, refeições não servidas, sono insuficiente ou determinadas substâncias (por exemplo, álcool). O stress, especialmente os problemas diários, é um estímulo comum para ambos os tipos de dores de cabeça. Embora a reforma reduza a frequência das dores de cabeça, as pessoas com personalidades propensas ao stress ou com empregos muito stressantes são as que sentem mais alívio.

Outras perturbações relacionadas com o stress

1. Artrite reumatoide (AR): Uma doença inflamatória e dolorosa que afecta as pequenas articulações, principalmente nas mulheres. O stress agrava a inflamação, a dor e as limitações físicas.

2. Dismenorreia: Menstruação dolorosa acompanhada de dores de cabeça, náuseas e tonturas. O stress agrava estes sintomas.

3. Distúrbios da pele: Doenças como o eczema, a urticária e a psoríase podem ser desencadeadas ou agravadas pelo stress e pelas alergias.

Embora os factores biológicos e psicológicos desempenhem um papel importante, a interação exacta entre eles continua a ser pouco clara.

Stress e perturbações cardiovasculares

Hipertensão: Definida como pressão arterial persistentemente elevada (≥140Z90 mmHg), a hipertensão aumenta o risco de doenças cardíacas, acidentes vasculares cerebrais e problemas renais.Cerca de 20% dos adultos canadianos são hipertensos, com taxas que aumentam após os 40 anos. Os factores de risco para a hipertensão incluem a obesidade, dietas ricas em sal e gordura, consumo de álcool, inatividade, história familiar e factores de stress psicossocial, como a raiva ou a ansiedade.

Stress e doença coronária (CHD)

A doença coronária é mais prevalente nas sociedades modernizadas devido ao aumento da esperança de vida e a factores de risco como a obesidade e a inatividade física. Os factores de stress psicossocial, como a tensão no trabalho, os conflitos nas relações, o baixo apoio social e a raiva, aumentam o risco de doença coronária. O stress contribui para:

1. Início e progressão da aterosclerose: Os sinais precoces incluem rigidez arterial, especialmente em indivíduos expostos a stress crónico ou a discriminação.

2. Eventos cardíacos agudos: O stress desencadeia ataques cardíacos, isquemia e arritmias em pessoas com aterosclerose avançada.

3. Resultados agravados: Os factores relacionados com o stress predizem ataques cardíacos recorrentes e mortalidade.

O stress afecta a doença coronária através de alterações fisiológicas, como o aumento da inflamação, dos níveis de lípidos e da atividade hormonal, que danificam as artérias e promovem a rutura da placa. Os factores comportamentais, como o tabagismo e o consumo de álcool, agravam ainda mais o risco de doença coronária.

O stress e o cancro

O cancro refere-se a um grupo de doenças caracterizadas por um crescimento descontrolado das células, incluindo leucemias e carcinomas. O papel do stress no cancro continua a ser complexo e debatido. Estudos retrospectivos iniciais relacionavam o stress elevado com o aparecimento do cancro, mas estes resultados eram inconsistentes e potencialmente tendenciosos. Investigações longitudinais recentes indicam que os factores relacionados com o stress podem influenciar a ocorrência, progressão e sobrevivência do cancro. Pode também influenciar a angiogénese (desenvolvimento do fornecimento de sangue ao tumor) e as metástases (disseminação do cancro).

Stress e perturbações psicológicas

O stress desempenha um papel fundamental no desenvolvimento e exacerbação de perturbações psicológicas. Tem impacto no bem-estar emocional, contribuindo para condições como a ansiedade, a depressão e a perturbação de stress pós-traumático (PTSD) (Lazarus & Folkman, 1984). O stress crónico desencadeia uma desregulação do eixo hipotálamo-pituitária-adrenal (HPA), que aumenta a produção de cortisol, afectando o humor regulação e cognição (McEwen, 1998).

As perturbações de ansiedade estão frequentemente associadas ao stress prolongado, uma vez que o stress intensifica os comportamentos de medo e de evitamento através de uma ativação acrescida da amígdala (LeDoux, 1995). Do mesmo modo, a depressão pode resultar do stress crónico devido a uma função deficiente dos neurotransmissores e à inflamação, que perturbam a plasticidade neural (Sapolsky, 2000). A PTSD, outra perturbação comum relacionada com o stress, resulta da exposição a acontecimentos traumáticos, com o stress a amplificar os pensamentos intrusivos, a hiperexcitação e o entorpecimento emocional (American Psychiatric Association, 2013).

O stress também exacerba a psicose em indivíduos predispostos à esquizofrenia, ao elevar a desregulação da dopamina, agravando sintomas como alucinações e delírios (van Winkel et al., 2008). Os comportamentos induzidos pelo stress, tais como o abuso de substâncias, podem servir como mecanismos de adaptação desadaptativos, agravando ainda mais as perturbações psicológicas (Sinha, 2008).

Conclusão:

O stress é uma parte inevitável da vida, mas os seus efeitos na saúde podem ser geridos através da sensibilização e da intervenção. O capítulo ilustrou as múltiplas facetas do stress, incluindo os seus tipos, fontes e processo de avaliação. É evidente que o stress afecta tanto o corpo como a mente, com consequências de longo alcance. O impacto fisiológico do stress, desde a tensão cardiovascular à disfunção imunitária, sublinha a necessidade de reconhecimento e gestão precoces. A nível psicológico, o impacto emocional do stress pode levar a problemas de saúde mental, como a ansiedade e a depressão, que agravam ainda mais os impactos físicos. Compreender como o stress afecta a saúde é crucial para desenvolver estratégias para atenuar os seus efeitos negativos. As técnicas eficazes de gestão do stress, como a atenção plena, as abordagens cognitivo-comportamentais e as alterações do estilo de vida, podem ajudar a reduzir a carga fisiológica e psicológica do stress. Ao reconhecer o stress como uma experiência complexa e multidimensional, os indivíduos podem trabalhar no sentido de reduzir o seu impacto nocivo e promover uma vida mais saudável e equilibrada.

Referências

1. Affleck, G., Urrows, S., Tennen, H., Higgins, P., Pav, D., & Aloisi, R. (1997). Um modelo de via dupla dos efeitos do stress diário na artrite reumatoide. *Annals of behavioral medicine: a publication of the Society of Behavioral Medicine, 19(2),* 161-170. https://doi.org/10.1007/BF02883333.
2. Brindley, D. N., & Rolland, Y. (1989). Possíveis ligações entre stress, diabetes, obesidade, hipertensão e alterações do metabolismo das lipoproteínas que podem resultar em aterosclerose. *Clinical science (London, England : 1979), 77*(5), 453-461. https://doi.org/10.1042/cs0770453.
3. Cohen, S., Frank, E., Doyle, W. J., Skoner, D. P., Rabin, B. S., & Gwaltney, J. M., Jr (1998). Tipos de stressores que aumentam a suscetibilidade à constipação comum em adultos saudáveis. *Health psychology : official journal of the Division of Health Psychology, American Psychological Association, 17*(3), 214-223. https://doi.org/10.1037//0278- 6133.17.3.214.
4. Crocq, M. A., & Crocq, L. (2000). Do choque de concha e da neurose de guerra à perturbação de stress pós-traumático: uma história da psicotraumatologia. *Dialogues in clinical neuroscience, 2*(1), 47-55. https://doi.org/10.31887/DCNS.2000.2.1/macrocq.
5. Dhabhar, F. S., & McEwen, B. S. (1997). O stress agudo aumenta enquanto o

stress crónico suprime a imunidade mediada por células in vivo: um papel potencial para o tráfico de leucócitos. *Brain, behavior, and immunity, 11*(4), 286-306. https://doi.org/10.1006/brbi.1997.0508.

6. Fassbender, K., Schmidt, R., Mössner, R., Kischka, U., Kühnen, J., Schwartz, A., & Hennerici, M. (1998). Perturbações do humor e disfunção do eixo hipotálamo-hipófise-adrenal na esclerose múltipla: associação com inflamação cerebral. *Archives of neurology, 55*(1), 66-72. https://doi.org/10.1001/archneur.55.1.66.
7. Harvey, A. G., & Bryant, R. A. (2002). Acute stress disorder: a synthesis and critique. *Psychological bulletin, 128(6),* 886-902. https://doi.org/10.1037/0033-2909.128.6.886.
8. Herman, J. P., McKlveen, J. M., Ghosal, S., Kopp, B., Wulsin, A., Makinson, R., Scheimann, J., & Myers, B. (2016). Regulação da resposta ao stress hipotalâmico-hipofisário-adrenocortical. *Comprehensive Physiology, 6*(2), 603-621. https://doi.org/10.1002/cphy.c150015.
9. Kaplan, J. R., Manuck, S. B., Clarkson, T. B., Lusso, F. M., & Taub, D. M. (1982). Social status, environment, and atherosclerosis in cynomolgus monkeys. *Arteriosclerosis (Dallas, Tex.), 2*(5), 359-368. https://doi.org/10.1161/01.atv.2.5.359.
10. Kaufman, J., & Charney, D. (2000). Comorbidade de transtornos de humor e ansiedade. *Depression and anxiety, 12 Suppl 1,* 69-76. https://doi.org/10.1002/1520- 6394(2000)12:1+<69::AID-DA9>3.0.CO;2-K.
11. Kessler, R. C., Sonnega, A., Bromet, E., Hughes, M., & Nelson, C. B. (1995).

Posttraumatic stress disorder in the National Comorbidity Survey. *Archives of general psychiatry, 52*(12), 1048-1060. https://doi.org/10.1001/archpsyc.1995.03950240066012.

12. Pacella, M. L., Hruska, B., & Delahanty, D. L. (2013). As consequências para a saúde física da PTSD e dos sintomas de PTSD: uma revisão meta-analítica. *Journal of anxiety disorders, 27*(1), 33-46. https://doi.org/10.1016/j.janxdis.2012.08.004.
13. Sarafino, E. P. (1998). *Psicologia da saúde: Interações biopsicossociais* (3ª ed.). John Wiley & Sons Inc.
14. Schnurr, P. P., & Jankowski, M. K. (1999). Physical health and post-traumatic stress disorder: review and synthesis. *Seminars in clinical neuropsychiatry, 4*(4), 295-304. https://doi.org/10.153/SCNP00400295

O PAPEL DO ESTILO DE VIDA E DA IMUNIDADE ADAPTATIVA NA SAÚDE E NA DOENÇA

Dr. Sushma Sharma
Professor Assistente
Departamento de Psicologia
Colégio P.G. para Raparigas Dayanand, Kanpur
Id de correio eletrónico. sushmahemant@gmail.com

Resumo

A interação entre os factores do estilo de vida e a imunidade adaptativa é a pedra angular da manutenção da saúde e da prevenção das doenças. A imunidade adaptativa, o mecanismo de defesa altamente específico do organismo contra os agentes patogénicos, é influenciada por vários factores do estilo de vida que modulam a sua eficácia. A alimentação, a atividade física, os padrões de sono, os níveis de stress e as exposições ambientais desempenham um papel fundamental na determinação da resistência do sistema imunitário. Os componentes nutricionais, como as vitaminas (por exemplo, D, C e E), os minerais (por exemplo, zinco e selénio) e uma ingestão equilibrada de macronutrientes, são essenciais para apoiar a proliferação e a função das células imunitárias. O exercício físico regular melhora a vigilância imunitária e reduz a inflamação, enquanto o stress crónico e o sono insuficiente perturbam a produção de citocinas e comprometem as respostas das células T e das células B. Além disso, a exposição a poluentes e toxinas pode prejudicar a função imunitária, ao passo que um microbiota diversificado, fomentado por hábitos saudáveis, reforça a imunidade adaptativa. A compreensão da interação entre o estilo de vida e a saúde imunitária oferece informações sobre a prevenção de infecções e a atenuação do risco de doenças relacionadas com o sistema imunitário, sublinhando a importância da adoção de comportamentos saudáveis que não só reforçam a resistência imunitária, como também atenuam o risco de doenças imunomediadas e de comportamentos de promoção da saúde.

Imunidade

A imunidade é o mecanismo de defesa do organismo contra substâncias estranhas, tais como agentes patogénicos (bactérias, vírus, fungos e parasitas), toxinas ou materiais estranhos. É um sistema complexo que envolve várias células, tecidos e órgãos que trabalham em conjunto e que ajudam a manter a saúde, identificando e neutralizando estas ameaças e protegendo o corpo de infecções e doenças.
A imunidade pode ser classificada em dois tipos principais:

- Imunidade inata, e

➢ Imunidade adaptativa.

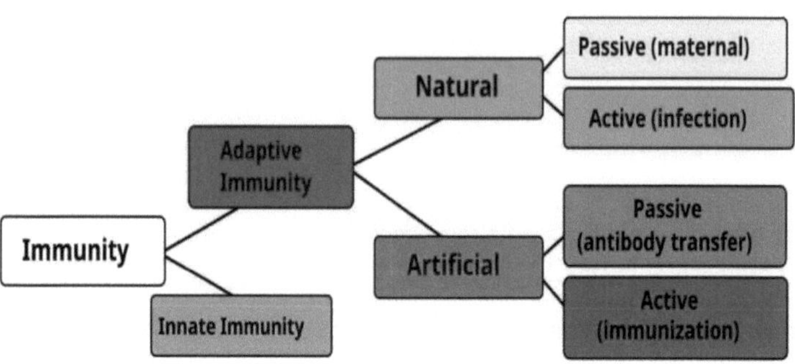

1. **Imunidade inata**

A imunidade inata é a primeira linha de defesa e está presente à nascença. Inclui barreiras físicas (como a pele e as membranas mucosas), barreiras químicas (como o ácido do estômago e as enzimas da saliva) e defesas celulares (como os glóbulos brancos).

2. **Imunidade adaptativa**

A imunidade adaptativa, também conhecida **como imunidade adquirida**, desenvolve-se ao longo da vida à medida que o corpo é exposto a doenças ou imunizado através de vacinas. Envolve a ativação de células imunitárias especializadas, que reconhecem e visam antigénios específicos (substâncias que desencadeiam uma resposta imunitária do organismo). É específica para determinados agentes patogénicos (microrganismos, como bactérias, vírus ou fungos, que causam doenças) e envolve uma componente de memória, permitindo que o sistema imunitário responda de forma mais eficiente à exposição subsequente ao mesmo agente patogénico. Os principais componentes da imunidade adaptativa incluem:

1. **Especificidade:**

A imunidade adaptativa visa antigénios específicos utilizando células especializadas como as células B e as células T.

2. **Memória:**

Uma vez expostos a um agente patogénico, as células B e T de memória "recordam-no", permitindo uma resposta mais rápida e mais forte aquando de uma nova exposição.

3. **Principais actores:**

Células B: Produzem anticorpos que neutralizam os agentes patogénicos.
Células T: As células T são de dois tipos

• Células T auxiliares (CD4+): Ajudam a ativar as células B e as células T citotóxicas.
• Células T citotóxicas (CD8+): Destroem as células infectadas e os tumores.

4. Expansão clonal:

Após o reconhecimento de um antigénio, as células B e T específicas proliferam rapidamente para combater a infeção.

5. Vacinação:

As vacinas potenciam a imunidade adaptativa através da introdução de formas inofensivas de antigénios para estimular a produção de células de memória sem causar doença.

Processo: A imunidade adquirida funciona nas seguintes fases

1. **Reconhecimento de antigénios**: As células B e T específicas reconhecem e ligam-se aos antigénios.
2. **Ativação**: Estas células são activadas por sinais de outras células imunitárias.
3. **Expansão clonal**: As células activadas multiplicam-se para criar uma resposta eficaz.
4. **Função efectora**: As células B libertam anticorpos; as células T atacam as células infectadas.
5. **Formação de memória**: Algumas células B e T permanecem como células de memória para imunidade futura.

Exemplos:

- **Vacinação**: Treina o sistema imunitário adaptativo para reconhecer e combater agentes patogénicos específicos.
- **Recuperação de infecções**: A imunidade adaptativa desenvolve-se após doenças como a varicela, proporcionando uma proteção a longo prazo.

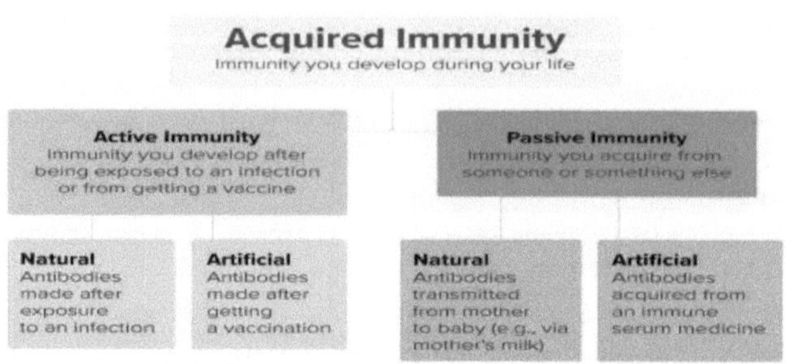

Autoimunidade e desregulação:
As respostas adaptativas hiperactivas podem levar a doenças auto-imunes (por exemplo, artrite reumatoide).
A supressão da imunidade adaptativa aumenta o risco de infeção e de cancro.

O que é o estilo de vida?

O estilo de vida refere-se ao conjunto de hábitos, comportamentos, escolhas e rotinas que definem a forma como os indivíduos vivem as suas vidas, abrangendo os seus hábitos, escolhas, comportamentos e rotinas quotidianos. Reflecte os seus valores, atitudes, influências sociais e preferências pessoais em áreas como a saúde, o trabalho, as relações, o lazer e o consumo. Reflecte os seus valores, crenças, cultura e personalidade, influenciando o seu bem-estar físico, mental e social. O estilo de vida e os hábitos de saúde estão intimamente ligados, uma vez que a forma como vivemos tem um impacto significativo no nosso bem-estar físico, mental e emocional. Eis como se relacionam:

Hábitos de vida saudáveis

- **Nutrição**: Comer uma dieta equilibrada com cereais integrais, frutas, legumes, proteínas magras e gorduras saudáveis.
- **Atividade física**: Exercício regular para manter a forma física, aumentar a energia e melhorar a saúde em geral.
- **Dormir**: Obter um sono adequado e de qualidade para restaurar a energia e apoiar as funções corporais.
- **Gestão do stress**: Praticar técnicas de relaxamento como a meditação ou a

atenção plena para lidar eficazmente com o stress.

- **Hidratação**: Beber água suficiente diariamente para manter as funções do corpo.
- **Evitar substâncias nocivas**: Limite o consumo de álcool, evite fumar e mantenha-se afastado das drogas recreativas.

O efeito do estilo de vida na imunidade adaptativa

As escolhas de estilo de vida desempenham um papel significativo na determinação da saúde geral e da função imunitária. O efeito do estilo de vida na imunidade adaptativa é profundo, uma vez que os factores do estilo de vida influenciam o funcionamento, a eficácia e a regulação das células e respostas imunitárias. Eis um resumo de como os vários aspectos do estilo de vida afectam a imunidade adaptativa:

1. Dieta

Impacto positivo:

Uma dieta rica em nutrientes (frutas, legumes, proteínas magras, cereais integrais) apoia o desenvolvimento e a função das células imunitárias adaptativas. Micronutrientes como a vitamina C, D, E, zinco e selénio são cruciais para a produção de anticorpos, a proliferação e a diferenciação das células T. Os ácidos gordos ómega 3 reduzem a inflamação e aumentam a atividade das células T.

Impacto negativo:

As dietas ricas em açúcar refinado, gorduras não saudáveis e alimentos processados promovem a inflamação, reduzem a função das células T e prejudicam a produção de anticorpos.
As deficiências nutricionais (por exemplo, ferro, vitamina D) enfraquecem as respostas imunitárias adaptativas.

2. Atividade física

Impacto positivo:

O exercício moderado melhora a circulação, permitindo que as células imunitárias sejam transportadas de forma eficiente. Aumenta a atividade das células T, a resposta dos anticorpos e a produção de células de memória. Reduz o risco de doenças crónicas que podem prejudicar a imunidade adaptativa.

Impacto negativo:

O exercício excessivo ou intenso pode levar à supressão imunitária, aumentando os níveis de cortisol, reduzindo a contagem de células T e prejudicando a produção de anticorpos.

3. Dormir

Impacto positivo:
O sono apoia a produção de citocinas e a memória imunitária, essenciais para as respostas adaptativas. Melhora as interações entre as células T e a síntese de anticorpos.
Impacto negativo:
A privação crónica de sono reduz a atividade das células T, enfraquece a eficácia das vacinas e prejudica o processo de formação da memória imunitária.

4. Stress
Impacto positivo:
A gestão eficaz do stress através de técnicas de relaxamento, meditação ou passatempos ajuda a manter o equilíbrio imunitário. Reduz a inflamação crónica e apoia a função saudável das células T.
Impacto negativo:
O stress crónico eleva os níveis de cortisol, suprimindo a proliferação das células T e reduzindo a eficácia das respostas imunitárias adaptativas.
Prejudica a produção de células de memória e de anticorpos.

5. Tabagismo e álcool
• **Fumar:** Suprime a função das células T, reduz a produção de citocinas e prejudica a apresentação de antigénios. Aumenta a suscetibilidade a infecções e reduz a eficácia das vacinas.
• **O álcool:** O consumo crónico reduz a atividade das células T e das células B. Prejudica a produção de anticorpos e a formação de memória imunitária.

6. Saúde intestinal e microbioma
O microbioma intestinal desempenha um papel vital na modulação da imunidade adaptativa.
Factores positivos do estilo de vida:
Os alimentos ricos em probióticos (por exemplo, iogurte, kimchi) e as fibras apoiam a saúde intestinal e promovem a produção de células T reguladoras.
Factores negativos do estilo de vida:
Os alimentos processados e os antibióticos perturbam o microbioma, prejudicando a regulação imunitária adaptativa e aumentando a inflamação.

7. Obesidade
A obesidade cria um estado inflamatório crónico que prejudica a função das células T e a produção de anticorpos. Reduz as respostas às vacinas e aumenta o risco de doenças auto-imunes.

8. Vacinação e memória imunitária
• Um estilo de vida saudável melhora a eficácia da vacina, apoiando a produção de células B e células T de memória.
• As más escolhas de estilo de vida podem reduzir a eficácia das vacinas devido a respostas imunitárias enfraquecidas.

Integração do estilo de vida e da imunidade adaptativa:

Um estilo de vida saudável apoia a imunidade adaptativa através da redução da inflamação crónica, do aumento da produção de células imunitárias e da manutenção de um microbioma equilibrado. Esta integração do estilo de vida e da imunidade adaptativa sublinha a forma como os comportamentos e as escolhas podem reforçar a capacidade do sistema imunitário para responder eficazmente a infecções e doenças. Por outro lado, as más escolhas de estilo de vida enfraquecem as respostas inatas e adaptativas, aumentando a suscetibilidade a infecções e doenças crónicas.

Impacto da imunidade adaptativa na saúde

- **Prevenção de doenças**: O bom funcionamento do sistema imunitário adaptativo previne as infecções e reduz a gravidade das doenças. As vacinas, por exemplo, estimulam a imunidade adaptativa para proporcionar proteção contra doenças como a gripe, a hepatite e a COVID-19.
- **Doenças inflamatórias crónicas**: Em alguns casos, o sistema imunitário pode ficar desregulado devido a factores genéticos, influências ambientais ou escolhas de estilo de vida. Isto pode levar a doenças auto-imunes (por exemplo, artrite reumatoide, lúpus) ou a doenças inflamatórias crónicas (por exemplo, doença inflamatória intestinal).

-

Modulação do estilo de vida: A modificação dos factores do estilo de vida, como a dieta e o exercício, pode ajudar a gerir a inflamação crónica e as doenças auto-imunes, regulando as respostas imunitárias e reduzindo os surtos.

O papel do estilo de vida nas doenças do sistema imunitário

- **Doenças auto-imunes**: Doenças como a esclerose múltipla, a diabetes tipo 1 e a tiroidite de Hashimoto ocorrem quando o sistema imunitário ataca erradamente os tecidos do corpo. Mudanças no estilo de vida, como a adoção de uma dieta anti-inflamatória, exercício físico regular e técnicas de redução do stress, podem ajudar a gerir os sintomas e a melhorar a qualidade de vida dos indivíduos com doenças auto-imunes.
- **Infecções e cancro**: Um sistema imunitário enfraquecido devido a más escolhas de estilo de vida pode tornar os indivíduos mais susceptíveis a infecções (por exemplo, infecções virais como o VIH, infecções

bacterianas como a pneumonia) e mesmo a certos cancros, que podem desenvolver-se quando o sistema imunitário não consegue detetar e destruir células anormais.

Conclusão

Os factores do estilo de vida desempenham um papel crucial na formação da eficiência e da resistência do sistema imunitário adaptativo. Um estilo de vida saudável melhora a imunidade adaptativa, apoiando a função das células T e B, melhorando a produção de anticorpos e reduzindo a inflamação crónica. Hábitos saudáveis como uma dieta equilibrada, atividade física regular, sono suficiente, gestão do stress e evitar substâncias nocivas podem melhorar a função imunitária, melhorar a resistência às doenças e reduzir o risco de doenças auto-imunes e inflamatórias crónicas. Por outro lado, as más escolhas de estilo de vida podem prejudicar as respostas imunitárias, tornando o organismo mais vulnerável a infecções e doenças. Compreender e otimizar a relação entre o estilo de vida e a imunidade adaptativa é essencial para a prevenção e gestão de doenças e para o bem-estar geral.

Ao adotar comportamentos saudáveis, os indivíduos podem apoiar o seu sistema imunitário, manter uma melhor saúde e reduzir o risco de doença a longo prazo.

Referência:

1. Anaya Mukharjee, (02 de novembro de 2020), Os diferentes tipos de imunidade e por que você precisa saber sobre eles, https://skinkraft.com/blogs/articles/different-types- of-immunity.
2. Arthur Cassa Macedo,1 André Oliveira Vilela de Faria,1 e Pietro Ghezzi2. (2019), Impulsionando o sistema imunológico, da ciência ao mito: análise da infosfera com o Google, Front Med (Lausanne), 6:165.
3. Anaya Mukharjee, (02 de novembro de 2020), Os diferentes tipos de imunidade & Por que você precisa saber sobre eles, https://skinkraft.com/blogs/articles/different-types- of-immunity.
4. *Blair M., Kellow N. J., Dordevic A. L., Evans S., Caissutti J., Mccafjrey T. A. (2020). Benefícios para a saúde da suplementação de soro de leite ou colostro em adultos> 35 anos; uma revisão sistemática. Nutrientes 12:299. doi: 10.3390/nu12020299, PMID*
5. *Booth F. W., Roberts C. K., Thyfault J. P., Ruegsegger G. N., Toedebusch R. G. (2017). Papel da inatividade nas doenças crônicas: visão evolutiva e mecanismos fisiopatológicos. Physiol. Rev. 97, 1351--1402. doi: 10.1152/physrev.00019.2016, PMID*
6. *Campbell J. P., Turner J. E. (2018). Desmascarando o mito da imunossupressão induzida pelo exercício: redefinindo o impacto do exercício*

na saúde imunológica ao longo da vida. Front. Immunol. 9: 648. doi: 10.3389 /fimmu.2018.00648, PMID

7. *7.Caprara G. (2018). Dieta e longevidade: os efeitos dos hábitos alimentares tradicionais na extensão do tempo de vida humano. Mediterr. J. Nutr. Metab. 11, 261-294. doi: 10.3233/MNM- 180225*
8. *8.Clarke S. F., Murphy E. F., O'sullivan O., Lucey A. J., Humphreys M., Hogan A., et al. (2014). O exercício e os extremos dietéticos associados têm impacto na diversidade microbiana intestinal. Gut 63, 1913-1920. doi: 10.1136/gutjnl-2013-306541, PMID*
9. *Davison G., Kehaya C., Wyn Jones A. (2016). Intervenções nutricionais e de atividade física para melhorar a imunidade. Am. J. Lifestyle Med. 10, 152-169. doi: 10.1177/1559827614557773, PMID*
10. *Di RosaM., MalaguarneraM., Nicoletti F., Malaguarnera L. (2011). Vitamina D3: um*
11. *imuno-modulador útil. Immunology 134, 123-139. doi: 10.1111/j.1365-2567.2011.03482.x, PMID*
12. *Fulop T., Larbi A., Hirokawa K., Cohen A. A., Witkowski J. M. (2020). A imunossenescência é funcional / adaptativa e disfuncional / mal-adaptativa. Semin. Immunopathol. 42, 521-536. doi: 10.1007/s00281-020-00818-9, PMID*
13. . Harvard Medical School, (Feb. 12, 2021), Helpful ways to strengthen your immune system and fight off disease, https://www.health.harvard.edu/staying-healthy/how-to-boost-your- immune-system.
14. James Schend, (30 de abril de 2020), 15 Foods That Boost the Immune System, https://www.healthline.com/health/food-nutrition/foods-that- boost-the-immune-system.
15. Muhammad Farhan Aslam, Saad Majeed, Sidra Aslam e Jazib Ali Irfan, Vitamins: Principais actores na promoção da resposta imunitária - uma mini revisão, Vitamins & Minerals, 2017; 6(1):1-8
16. Vasundhara Agrawal, (25 de abril de 2020), 7 Factors that affect your Immune System the Most &Why? ,https://medium.com/diet-nutrition/7-factors-that-affect-your-immune-system-the most-why-269a78292624.
17. https://renuerx.com/which-vitamin-b-should-i-take-to-boost-my-immune-system/.
18. https://ods.od.nih.gov/factsheets/VitaminE-Consumer/.
19. https://www.nhs.uk/conditions/vitamins-and-minerals/vitamin-c/.
20. https://en.wikipedia.org/wiki/Immunity(medical)

Implicações para a saúde do estilo de vida e dos factores ambientais

Bhuvi Mishra, Pragya Sharma, Archana Dixit, D.K. Awasthi, V.P Sharma

[Livro: Saúde e Higiene; Editora Lambert Academic]

Resumo

O ambiente funciona como uma tapeçaria dinâmica que influencia significativamente as experiências humanas. Podemos melhorar muito a nossa qualidade de vida promovendo um ambiente propício. O contacto com a natureza cultiva uma profunda apreciação das intrincadas interligações que nos ligam ao nosso mundo. Esta experiência realça a simplicidade da vida, celebrando simultaneamente a sua notável beleza. Uma alimentação saudável com um equilíbrio ótimo de nutrientes ajuda-nos a realizar as actividades físicas diárias e os processos mentais positivos. Na nossa alimentação, a deficiência ou o excesso de certos nutrientes pode afetar a saúde e as actividades fisiológicas.

A investigação e o desenvolvimento ligados ao estilo de vida moderno indicam as várias implicações para a saúde. Sublinha a relação crítica entre a qualidade da água, do ar e dos alimentos na saúde e nos aspectos cognitivos. É evidente que as nossas escolhas diárias, em conjunto com as condições ambientais, desempenham um papel essencial na determinação do nosso bem-estar geral. Ao adoptarmos práticas de vida mais saudáveis, como a atividade física regular, uma alimentação nutritiva e o apoio a iniciativas ambientalmente sustentáveis, podemos contribuir ativamente para o desenvolvimento de ambientes mais limpos e seguros. Coletivamente, estes esforços podem abrir caminho a um futuro mais saudável para nós e para as gerações seguintes, permitindo-nos prosperar em harmonia com o mundo extraordinário em que vivemos. As alterações alimentares e climáticas estão intrinsecamente ligadas à saúde pública, à segurança da água, à migração, à paz, à segurança, etc.

Palavras-chave: Alterações climáticas, Ambiente, Saúde, Implicações, Estilo de vida

Introdução

A saúde é um estado de ausência de doenças, tanto físicas como mentais. A relação entre as escolhas de estilo de vida e os factores ambientais é cada vez mais reconhecida como um determinante crucial dos resultados em matéria de saúde em todo o mundo. Os principais comportamentos em termos de estilo de vida, como a alimentação, a atividade física, o consumo de tabaco e o consumo de álcool, afectam significativamente o risco de doenças crónicas como a obesidade e a diabetes. Simultaneamente, os factores ambientais, incluindo a qualidade do ar e as condições socioeconómicas, também influenciam a saúde. Por exemplo, os residentes de zonas urbanas com espaços verdes limitados e níveis de poluição elevados sofrem frequentemente de problemas respiratórios. Os determinantes sociais da saúde, como a educação e o rendimento, agravam ainda mais estes efeitos, uma vez que os indivíduos com um estatuto socioeconómico mais baixo enfrentam barreiras a comportamentos saudáveis, resultando num ciclo de desvantagens que exacerba as disparidades na saúde. Compreender esta intrincada interação é vital para intervenções eficazes no domínio da saúde pública. A investigação mostra que a promoção de comportamentos saudáveis e a abordagem de questões ambientais podem reduzir significativamente o peso das doenças crónicas.

Este artigo pretende explorar as ligações entre o estilo de vida e os factores ambientais, examinando a investigação e as estratégias actuais para promover melhores resultados em termos de saúde. Ao identificar abordagens eficazes para indivíduos e comunidades, podemos enfrentar os desafios actuais em matéria de saúde e trabalhar para um futuro mais saudável e equitativo.

Estilo de vida e saúde

A harmonia física, interna e mental constitui coletivamente um corpo saudável. As escolhas de estilo de vida, incluindo a alimentação, a atividade física, o consumo de tabaco e de álcool, são determinantes para os resultados em termos de saúde. Estes comportamentos afectam significativamente o risco de doenças crónicas, como a obesidade, a diabetes e as doenças cardiovasculares. A prevalência crescente de estilos de vida sedentários e de hábitos alimentares pouco saudáveis contribuiu para o aumento destes problemas de saúde em todo o mundo. Reconhecer a influência do estilo de vida na saúde é essencial para desenvolver estratégias eficazes de saúde pública.

- **Ritmo circadiano:** O ritmo circadiano ou ciclo circadiano é uma oscilação biológica, que se diz ser *"o relógio que nos cronometra"*. Refere-se às mudanças físicas e mentais que um organismo experimenta ao longo de um ciclo de 24 horas. É impulsionado pelo relógio biológico interno, que é governado pelo núcleo supraquiasmático (SCN), uma estrutura na parte anterior do hipotálamo. Nos seres humanos, o ritmo circadiano supervisiona várias funções, como o ciclo do sono, a regulação hormonal e o metabolismo. Como resultado, cada tecido e célula humana sintonizou-se com o ciclo diário da noite e do dia.

  O sono foi definido como um estado natural e periódico da mente e do corpo, caracterizado por uma alteração da consciência, uma inibição moderada dos sentidos e uma redução da atividade muscular. Durante o sono, o corpo entra em modo de conservação de energia e distribui a energia poupada para funcionar em vários processos dependentes do sono. Envolve:

  - organização e armazenamento de informações no cérebro, adquiridas durante a vigília
  - promover a reparação e o crescimento celular
  - resposta imunitária reforçada
  - equilíbrio hormonal (por exemplo, LH, cortisol)
  - metabolismo da glucose
  - desintoxicação pelo sistema glinfático

O ritmo circadiano é grandemente influenciado por vários factores ambientais (conhecidos como zeitgebers) e pelo estilo de vida. A perturbação da calendarização e do alinhamento das fases do ritmo leva à perturbação circadiana. A causa mais proeminente da perturbação circadiana nos últimos tempos é um ciclo de sono deficiente. Os indivíduos optam por dormir mais tarde e, consequentemente, acordam mais tarde ou dormem menos horas. Um ciclo de sono-vigília deficiente pode também ser causado por horários de trabalho irregulares, jet lag causado por voos longos, tempo de ecrã antes de dormir e stress. É importante notar que a exposição à luz azul emitida pelos ecrãs dos telefones, etc., pode bloquear a produção de melatonina, uma hormona que é produzida em resposta à escuridão para induzir o sono.

Aconselha-se a um adulto médio que durma 6-8 horas. Dormir menos do que as horas recomendadas leva a uma diminuição da capacidade psicomotora e a um aumento do risco de doenças associadas à desregulação circadiana. O sono insuficiente e o desalinhamento do ritmo circadiano, causado por uma desadequação entre o tempo ambiental e o relógio biológico do organismo, dão origem a várias dissonâncias como a insónia, a hipersónia e a parassónia.

A insónia é o tipo mais comum de perturbação do sono em que o indivíduo tem dificuldade em adormecer. ***A hipersónia*** é a sonolência excessiva e ***a parassónia*** é caracterizada por comportamentos invulgares, como o sonambulismo, durante o sono. Estas dissonias podem também ser causadas por stress crónico, depressão e abuso de substâncias.

O desalinhamento do ciclo sono-vigília conduz a uma diminuição temporária da vigília, da cognição e do metabolismo, mas uma perturbação continuada pode ter consequências graves a nível celular e molecular. Está provado que a perturbação prolongada do ritmo circadiano está associada ao aumento do risco de doenças como a diabetes tipo 2, perturbações cardiometabólicas (por exemplo, hipertensão), doenças neurodegenerativas (por exemplo, Parkinson e Alzheimer), perturbações mentais (por exemplo, depressão, ansiedade, perturbações do humor) e obesidade.

Em comparação com um indivíduo saudável, as pessoas com perturbações do sono têm níveis mais elevados de cortisol. A leptina é reduzida e a grelina é aumentada, promovendo a fome e, consequentemente, o aumento de peso. As citocinas aumentam e as células NK diminuem, mostrando sinais de um sistema imunitário enfraquecido. Estes problemas podem ser evitados se se corrigir a perturbação causada no sistema circadiano, regulando o horário de sono-vigília e evitando o tempo de ecrã antes de dormir. Manter um horário de sono consistente todos os dias e adotar uma rotina relaxante ao deitar. Reduzir os estimulantes como a cafeína e a nicotina à noite. Evite refeições pesadas e procure fazer exercício moderado, pois melhora a qualidade do sono. Os trabalhadores noturnos podem optar por cortinas cegas para bloquear a luz durante o sono e expor-se o mais possível à luz natural para induzir um alinhamento tão correto quanto possível. Os indivíduos com insónias podem tomar suplementos de melatonina (numa dose prescrita pelo médico) para ajudar a dormir. Os terapeutas devem ser consultados para tratar o stress e as barreiras psicológicas através da "Terapia cognitivo-comportamental para a insónia", que se destina a ajudar a dormir bem.

- **Mobilidade:** A importância da mobilidade para a saúde é numerosa. Melhora a saúde cardiovascular, melhorando a função cardíaca e a circulação e reduzindo o risco de hipertensão e de doenças cardíacas. A mobilidade também desempenha um papel crucial na saúde músculo-esquelética, mantendo a flexibilidade das articulações, a força muscular e a densidade óssea. Além disso, apoia a regulação metabólica, melhorando o metabolismo da glicose, reduzindo a acumulação de gordura e prevenindo a obesidade. A nível psicológico, a mobilidade pode diminuir os sintomas de ansiedade e depressão, melhorar a função cognitiva e aumentar a resiliência emocional. Nomeadamente, os indivíduos activos têm mais probabilidades de ter uma vida mais longa e saudável.

Os benefícios de um estilo de vida ativo são evidentes tanto na saúde física como na saúde mental. O exercício regular reduz o risco de doenças crónicas, incluindo diabetes tipo 2, doenças cardiovasculares e certos tipos de cancro. Além disso, a atividade física promove a libertação de endorfinas, serotonina e dopamina, o que leva a uma melhoria do humor e à redução dos níveis de stress. O exercício moderado reforça a função imunitária e ajuda a controlar o peso através de um melhor equilíbrio energético, apoiando simultaneamente os ritmos circadianos, que contribuem para um sono reparador.

Por outro lado, um estilo de vida sedentário resulta de vários factores sociais e individuais. Na sociedade atual, mais de 40% da população adulta leva um estilo de vida sedentário. Os avanços tecnológicos, como o aumento do tempo de ecrã e a dependência dos veículos, diminuíram a atividade física diária. A urbanização limita frequentemente o acesso a espaços verdes e a ambientes propícios à circulação pedonal, enquanto a cultura laboral - caracterizada por uma permanência prolongada na posição sentada devido ao trabalho à secretária e ao trabalho remoto - agrava o problema. Factores comportamentais como a falta de motivação, as limitações de tempo e a insuficiente sensibilização para a importância da atividade física também contribuem para a inatividade. Além disso, problemas de saúde como a dor crónica e as deficiências podem limitar ainda mais a mobilidade.

As consequências para a saúde da inatividade física prolongada são significativas e de grande alcance. Estas incluem um risco acrescido de perturbações metabólicas, como a obesidade, a resistência à insulina e a diabetes de tipo 2, bem como riscos cardiovasculares que incluem a hipertensão e a aterosclerose. O comportamento sedentário pode levar a problemas músculo-esqueléticos, como a atrofia muscular e a rigidez das articulações, e está associado a um declínio da saúde mental, aumentando a prevalência de ansiedade, depressão e declínio cognitivo. Além disso, é um notável fator de risco de morte prematura.

A atividade física regular conduz a um perfil hormonal equilibrado, caracterizado por níveis estáveis de insulina, leptina e cortisol, juntamente com níveis aumentados de endorfinas e serotonina. Em contrapartida, os indivíduos sedentários apresentam frequentemente níveis mais elevados de cortisol, resistência à insulina e desregulação da leptina e da grelina, o que pode contribuir para comer em excesso. Do ponto de vista metabólico, os indivíduos activos demonstram uma maior tolerância à glicose, melhores perfis lipídicos com níveis mais baixos de lípidos de baixa densidade, normalmente conhecidos como LDL (sugeridos como inferiores a 100 mg/dL em indivíduos saudáveis) e níveis mais elevados de lípidos de alta densidade, normalmente abreviados como HDL (sugeridos como sendo de aproximadamente 60 mg/dL ou mais em indivíduos saudáveis), e um metabolismo eficiente da gordura. Os indivíduos sedentários, por outro lado, tendem a apresentar triglicéridos elevados, colesterol LDL mais elevado e maior acumulação de gordura visceral. Além disso, os indivíduos activos apresentam níveis mais baixos de marcadores inflamatórios, como a proteína C-reactiva (PCR) e a interleucina-6 (IL-6), ao passo que os indivíduos sedentários sofrem frequentemente de inflamação crónica de baixo grau, aumentando o risco de doenças metabólicas e cardiovasculares.

Para combater os estilos de vida sedentários, podem ser implementadas várias estratégias. É vital incorporar a atividade física nas rotinas diárias, procurando fazer pelo menos 150 minutos de exercício de intensidade moderada por semana. Isto deve incluir uma mistura de actividades aeróbicas, treino de força e exercícios de flexibilidade. As adaptações no local de trabalho, como a utilização de secretárias de pé e a realização de pausas regulares para pequenas caminhadas, podem incentivar o movimento ao longo do dia. O planeamento comunitário e urbano pode promover a atividade física através da conceção de bairros que possam ser percorridos a pé e do acesso a parques e instalações recreativas. A tecnologia também pode desempenhar um papel importante através de aplicações de fitness e de dispositivos portáteis que ajudam a definir objectivos de atividade e a acompanhar os progressos. Além disso, as intervenções comportamentais, incluindo campanhas educativas sobre os riscos do comportamento sedentário, podem promover pequenas mudanças, como usar as escadas em vez de elevadores ou caminhar em vez de conduzir em distâncias curtas.

- **Dieta:** A nutrição exerce um impacto significativo na saúde. A maioria dos elementos necessários ao metabolismo e a outros processos bioquímicos é obtida através dos alimentos. Uma dieta equilibrada visa fornecer estes nutrientes através de uma ingestão cuidadosa de macronutrientes e micronutrientes, construída com base em factores como a idade, o sexo e o estado de saúde. Geralmente, uma dieta saudável inclui um equilíbrio moderado de:
    - Macronutrientes, ou seja, hidratos de carbono, proteínas e gorduras. *Os hidratos de carbono* são a principal fonte de energia dos organismos vivos e actuam como componente estrutural das células. Classificam-se em monossacáridos (chamados açúcares simples; glicose, frutose, galactose), dissacáridos (dois açúcares simples ligados entre si; sacarose, lactose), oligossacáridos (3-10 unidades de açúcar simples) e polissacáridos (>10; frequentemente utilizados para armazenar hidratos de carbono ou para fins estruturais).

      As proteínas são justamente conhecidas como "blocos de construção", uma vez que estão praticamente presentes em todos os processos biológicos. Estão codificadas no ácido desoxirribonucleico (ADN) e são sintetizadas a partir dele. As proteínas são o principal componente estrutural da pele e de componentes estruturais como o cabelo e as unhas. Estão presentes em tecidos como a elastina e o colagénio. Todas as enzimas, que são proteínas, catalisam todos os processos bioquímicos. Os anticorpos produzidos pelo sistema imunitário são também proteínas. Proteínas como a hemoglobina são responsáveis pelo transporte de oxigénio. Todos os movimentos musculares são promovidos pelas proteínas actina e miosina. A produção de moléculas não proteicas é também efectuada por proteínas.

Os lípidos funcionam como reservatórios de energia, blocos estruturais nas membranas celulares e mediadores de sinais. É um componente essencial na dinâmica e fluidez das membranas. A gordura subcutânea isola o corpo contra as mudanças de temperatura e protege os órgãos internos de lesões externas.

- Os micronutrientes, como várias vitaminas e minerais, desempenham vários papéis nos processos metabólicos, apesar de serem necessários em quantidades mínimas ou vestigiais.
- A hidratação é importante para manter a homeostase, uma vez que é o principal meio de todos os processos.
- As fibras presentes em cereais integrais, frutas, etc., promovem a saúde digestiva e reduzem os distúrbios metabólicos.

A má gestão dos hábitos alimentares devido a horários de trabalho ocupados, alimentos processados ou alimentos de má qualidade perturba o bem-estar de um indivíduo. A ingestão elevada de calorias, o baixo consumo de nutrientes, a ingestão inadequada de fibras e o desequilíbrio de macronutrientes desviam o regime alimentar para padrões pouco saudáveis. Uma pessoa com uma dieta saudável tem níveis de energia relativamente mais elevados, melhor imunidade e melhor cognição do que uma pessoa com uma dieta pobre. Um indivíduo com uma dieta pobre tem níveis mais elevados de LDL, o que aumenta o risco de doenças cardiovasculares (DCV). Várias doenças metabólicas, como a diabetes tipo 2 e a obesidade, estão diretamente ligadas a padrões alimentares com níveis instáveis de glicose no sangue. Os picos de glicose induzidos pelo consumo de hidratos de carbono mais simples promovem a resistência à insulina . O risco de doenças neurodegenerativas aumenta com a diminuição da ingestão de alimentos ricos em antioxidantes, que reduzem o stress oxidativo.

As provas bioquímicas obtidas através de vários estudos sublinham o impacto do regime alimentar na saúde. A adoção de hábitos alimentares saudáveis, associada a políticas de saúde pública que salientem os benefícios de um regime alimentar rico em nutrientes e abordem os riscos relacionados com o regime alimentar, pode promover melhores padrões alimentares.

- **Higiene:** A higiene refere-se a práticas de rotina que promovem a saúde através da prevenção de doenças, assegurando a limpeza e mantendo o saneamento. O acesso à água potável, ao saneamento e à limpeza é essencial para a saúde e o bem-estar humanos. As más práticas relacionadas com a água, o saneamento e a higiene (WASH) estão associadas a doenças que conduzem a maus resultados em termos de saúde, como a pneumonia, a diarreia, as infecções por helmintas transmitidas pelo solo, as infecções das vias respiratórias e a tuberculose pulmonar. Melhores práticas de saneamento têm um impacto positivo em vários aspectos da vida, incluindo a saúde, a nutrição, o desenvolvimento, a estabilidade económica, a dignidade e a capacitação. Doenças como a cólera, a febre tifoide, a hepatite A e outras doenças relacionadas com a água têm maior probabilidade de se propagarem quando o acesso à água potável é limitado e os hábitos de saneamento e higiene são deficientes. A implementação de regulamentos, o reforço das especificações da água e a melhoria das infra-estruturas dos laboratórios e das redes de distribuição são passos essenciais para colmatar a lacuna de conhecimentos e práticas no domínio do saneamento e da água potável. Para reduzir eficazmente os efeitos das más práticas em matéria de água e saneamento, é fundamental compreender a situação atual e a forma como as iniciativas em curso afectam as zonas urbanas e rurais.

A higiene tornou-se um aspeto fundamental da saúde pública e da medicina modernas. A higiene pessoal inclui actividades diárias como a lavagem das mãos, o banho, os cuidados orais e o asseio, que ajudam a prevenir a transmissão de agentes patogénicos, a reduzir o odor corporal e a melhorar o bem-estar pessoal. A higiene alimentar envolve o manuseamento, preparação e armazenamento adequados dos alimentos para evitar a contaminação e as doenças de origem alimentar. As medidas essenciais incluem lavar frutas e legumes, cozinhar os alimentos a temperaturas adequadas e evitar a contaminação cruzada. A higiene ambiental centra-se na manutenção da limpeza em espaços partilhados, na gestão eficaz dos resíduos e no saneamento da água para reduzir a exposição a contaminantes ambientais e a doenças transmitidas por vectores. Em contextos de cuidados de saúde, as práticas de higiene médica como a esterilização, a higiene das mãos e o manuseamento seguro dos resíduos médicos são fundamentais para reduzir as infecções associadas aos cuidados de saúde (IACS) e garantir a segurança dos doentes.

A base científica da higiene reside na sua capacidade de interromper as vias de transmissão microbiana. Os agentes patogénicos propagam-se por contacto direto, gotículas respiratórias, superfícies contaminadas e vectores; no entanto, uma boa higiene reduz significativamente estes riscos. Por exemplo, a lavagem das mãos com sabão é um dos métodos mais eficazes para diminuir as infecções gastrointestinais e respiratórias, enquanto os desinfectantes à base de álcool constituem uma alternativa viável em zonas com escassez de água. A desinfeção regular de superfícies frequentemente tocadas ajuda a minimizar as cargas microbianas e a transmissão de doenças. Além disso, as práticas de higiene complementam os programas de vacinação, reduzindo a exposição a agentes patogénicos e aumentando a eficácia da vacina. A melhoria das práticas de higiene conduziu a resultados significativos em matéria de saúde pública, incluindo a redução de doenças transmissíveis como a diarreia, a cólera e as infecções respiratórias. A introdução de infra-estruturas de saneamento ajudou a erradicar doenças como a doença do verme da Guiné. No entanto, a falta de higiene em ambientes comunitários e de cuidados de saúde acelera a propagação de agentes patogénicos resistentes aos antimicrobianos, sublinhando a necessidade de melhorar as práticas para combater esta ameaça para a saúde mundial. Durante a pandemia da COVID-19, intervenções como a higiene das mãos, a utilização de máscaras e a limpeza do ambiente foram fundamentais para travar a propagação do vírus, sublinhando o papel da higiene na preparação para uma pandemia. Apesar dos seus benefícios, a promoção da higiene enfrenta vários desafios.

As desigualdades de recursos dificultam o acesso a água potável, sabão e instalações sanitárias nas regiões de baixo rendimento. Normas culturais, desinformação e pouca consciencialização criam barreiras comportamentais à adesão às práticas de higiene. A rápida urbanização e a sobrelotação sobrecarregam as infra-estruturas inadequadas nas zonas urbanas em crescimento, enquanto as alterações climáticas exacerbam os riscos para a saúde relacionados com a higiene , aumentando a propagação de doenças transmitidas por vectores e esgotando os recursos hídricos. A melhoria das práticas de higiene exige uma abordagem multifacetada. Campanhas de educação pública, programas escolares e iniciativas comunitárias podem incutir bons hábitos de higiene. O investimento em infra-estruturas para instalações sanitárias, água potável segura e sistemas eficazes de gestão de resíduos é vital. Os governos devem fazer cumprir as normas de higiene em vários sectores, incluindo a produção alimentar, os cuidados de saúde e os espaços públicos. Além disso, a investigação e a inovação em produtos de higiene rentáveis e em soluções adaptadas às necessidades locais podem conduzir a melhorias sustentáveis. A abordagem destes desafios e a implementação de estratégias eficazes maximizarão o papel da higiene como pedra angular da saúde global, promovendo um futuro mais saudável e mais resiliente.

- **Uso de substâncias:** O abuso de substâncias, definido como o uso nocivo ou perigoso de substâncias psicoactivas como o álcool, a nicotina e as drogas ilícitas, representa uma ameaça significativa para a saúde pública mundial. Afecta negativamente o bem-estar individual e perturba as famílias, as comunidades e as estruturas sociais. Altera fundamentalmente as escolhas de estilo de vida e os comportamentos, conduzindo frequentemente a um ciclo de deterioração física, psicológica e social. Os indivíduos que sofrem de perturbações associadas ao consumo de substâncias (SUD) sofrem frequentemente perturbações nas suas rotinas diárias, perda de emprego, instabilidade financeira e relações prejudicadas. Os efeitos do isolamento social, do estigma e do comportamento criminoso agravam ainda mais estes desafios. Com o tempo, a dependência de substâncias reduz a capacidade de participar em actividades produtivas, mina a coesão social e perpetua os ciclos de pobreza e marginalização.

As implicações do abuso de substâncias para a saúde são profundas. O abuso crónico de álcool está ligado à cirrose hepática, a doenças cardiovasculares e a vários tipos de cancro, especialmente no trato gastrointestinal. A dependência da nicotina contribui para doenças respiratórias, perturbações cardiovasculares e vários tipos de cancro, especialmente o cancro do pulmão. O consumo de drogas ilícitas, incluindo opiáceos e estimulantes, pode levar a overdoses, doenças infecciosas, como o VIH e a hepatite C, e lesões em vários órgãos, enquanto o abuso de polisubstâncias aumenta estes riscos e complica a gestão médica. As consequências para a saúde mental são igualmente graves, uma vez que a toxicodependência está fortemente associada à depressão, ansiedade e psicose. A relação bidirecional entre as perturbações da saúde mental e o consumo de substâncias complica o diagnóstico e o tratamento, conduzindo frequentemente a resultados mais fracos. As alterações neurológicas induzidas pelas substâncias, nomeadamente as alterações nas vias de recompensa do cérebro, perpetuam a dependência e prejudicam o funcionamento cognitivo e emocional.

A luta contra a toxicodependência exige uma abordagem abrangente e multifacetada que inclua a prevenção, o tratamento e a redução dos danos. As campanhas de educação e de sensibilização dirigidas aos jovens e às populações vulneráveis são cruciais, sendo que os programas escolares que dão ênfase às competências para a vida e à resiliência se revelam promissores na redução da iniciação ao consumo de substâncias. As medidas governamentais, como o aumento dos impostos sobre o álcool e o tabaco e a aplicação de restrições de idade, servem para dissuadir o consumo de substâncias, enquanto as intervenções comunitárias podem promover ambientes de apoio que reduzam os factores de risco. As abordagens de tratamento baseadas em provas incluem terapias comportamentais, intervenções farmacológicas e modelos de cuidados holísticos. Técnicas como a terapia cognitivo-comportamental (TCC) e a entrevista motivacional ajudam os indivíduos a modificar os comportamentos desadaptativos e a criar mecanismos de sobrevivência. As farmacoterapias, como a metadona e a buprenorfina para a dependência de opiáceos e as terapias de substituição da nicotina para deixar de fumar, apoiam a recuperação. Os cuidados integrados que abordam as perturbações de saúde mental concomitantes, o apoio social e a formação profissional melhoram os resultados do tratamento. As estratégias de redução de danos visam minimizar as consequências adversas do consumo de substâncias. Iniciativas como os programas de troca de seringas, os locais de injeção supervisionados e a distribuição de naloxona reduzem eficazmente a transmissão de doenças infecciosas e evitam as mortes por overdose. As políticas que se concentram na descriminalização do uso de substâncias e enfatizam a reabilitação em vez da punição facilitam o acesso aos cuidados e ajudam a reduzir o estigma .

Os governos desempenham um papel fundamental na formulação e aplicação de políticas que abordem os determinantes sociais da saúde. Os investimentos em infra-estruturas de cuidados de saúde, centros de reabilitação e campanhas de saúde pública são essenciais. Os esforços de sensibilização para combater o estigma e promover iniciativas de recuperação baseadas na comunidade aumentam ainda mais a eficácia das intervenções no domínio da toxicodependência. Para melhorar os resultados de saúde dos indivíduos e das comunidades afectadas pela toxicodependência, é essencial uma abordagem holística e sustentável. A integração dos serviços de saúde mental nos cuidados de saúde primários assegura a identificação e o tratamento precoces das perturbações relacionadas com o consumo de substâncias, ao mesmo tempo que o alargamento do acesso a tratamentos acessíveis e baseados em provas reduz os obstáculos à recuperação. A promoção de estilos de vida saudáveis através da nutrição, da atividade física e da gestão do stress complementa as intervenções clínicas e promove a resiliência. A investigação e a inovação são fundamentais para melhorar a nossa compreensão das perturbações associadas ao consumo de substâncias e desenvolver novas abordagens terapêuticas. A medicina de precisão, que aproveita os conhecimentos genéticos e comportamentais, é promissora para adaptar as intervenções às necessidades individuais. Além disso, as tecnologias digitais de saúde, como as aplicações móveis e as plataformas de telessaúde, aumentam o acesso aos cuidados e fornecem apoio contínuo aos indivíduos em recuperação. Em conclusão, o abuso de substâncias continua a ser um desafio complexo e generalizado com implicações de longo alcance para a saúde individual e pública. A resolução deste problema exige esforços concertados em vários sectores para melhorar os resultados em termos de saúde e promover um ambiente favorável à recuperação.

Ambiente e saúde

O ambiente é uma componente integral da condição humana, e a sua melhoria pode aumentar consideravelmente a qualidade de vida. A investigação realizada por revistas de saúde de renome destaca sistematicamente os impactos significativos do impacto ambiental na saúde respiratória e cardiovascular. A inter-relação entre as nossas preferências de estilo de vida e os factores ecológicos molda profundamente a nossa saúde geral. Através da adoção de estilos de vida mais saudáveis e da defesa de ambientes mais limpos e seguros, podemos melhorar coletivamente o nosso bem-estar e construir um futuro sustentável.

- Toxinas e poluentes

Um estudo publicado na revista Lancet afirma que as partículas de poluição atmosférica geraram 8% do total de anos de vida ajustados por incapacidade (DALY) e reivindicaram o título de principal contribuinte para o fardo global de doenças em 2021.

- **Qualidade do ar:** A poluição do ar resulta principalmente da combustão de combustíveis fósseis, das emissões industriais, dos gases de escape dos veículos e da queima de biomassa. Os principais poluentes são as partículas (PM2,5 e PM10), os óxidos de azoto (NOx), o dióxido de enxofre (SO2), o monóxido de carbono (CO) e o ozono (O3). Estes poluentes não só contribuem para as doenças respiratórias e cardiovasculares, como também agravam as alterações climáticas. A exposição a poluentes pode causar doenças respiratórias, problemas cardiovasculares e outros problemas de saúde. O grande desafio para todos nós é cumprir as normas baseadas na saúde para os poluentes atmosféricos comuns, limitar as alterações climáticas, reduzir os riscos dos poluentes atmosféricos tóxicos e proteger a camada de ozono estratosférico contra a degradação. Os modelos quantitativos de previsão da qualidade do ar amadureceram e são atualmente uma parte indispensável da previsão. Todos os métodos de previsão, nomeadamente os modelos de base estatística, devem ser continuamente calibrados para ter em conta as reduções de emissões em curso à escala local e regional. A ênfase na I & D indica que os métodos de previsão da poluição atmosférica podem ser amplamente divididos em três categorias clássicas: métodos de previsão estatística, métodos de inteligência artificial e métodos de previsão numérica.

- **Qualidade da água:** Os contaminantes nas fontes de água incluem descargas industriais, escoamento agrícola, esgotos não tratados e derrames de petróleo. Estes contaminantes, tais como metais pesados (como o chumbo e o mercúrio), pesticidas, nitratos e agentes patogénicos, contribuem para doenças transmitidas pela água, como a cólera e a febre tifoide, especialmente em regiões de baixo rendimento. O acesso à água potável é fundamental para prevenir as doenças transmitidas pela água. A sua contaminação com produtos químicos ou outras substâncias perigosas que são prejudiciais para a saúde humana, animal ou vegetal seriam fontes potenciais de corrosão das condutas de água que lixiviam produtos químicos ou metais nocivos, nomeadamente chumbo, arsénico ou resíduos perigosos e descargas industriais, agroquímicos de operações agrícolas, esgotos e resíduos da transformação de alimentos, etc.

- **Poluição do solo**: Resulta da utilização de pesticidas, da eliminação incorrecta de materiais perigosos e de resíduos industriais, que conduzem à contaminação do solo por hidrocarbonetos, metais pesados e poluentes orgânicos persistentes (POP). Isto degrada a qualidade do solo e compromete a segurança alimentar. A terra poluída pode perturbar a cadeia alimentar, permitindo que as toxinas entrem no corpo humano através do consumo de culturas e gado contaminados.

Estas exposições estão associadas a vários problemas de saúde, incluindo o cancro, perturbações endócrinas e problemas de desenvolvimento nas crianças. Para atenuar estes impactos na saúde, devem ser aplicadas estratégias globais. A qualidade do ar pode ser melhorada através de uma regulamentação mais rigorosa em matéria de emissões, da promoção de tecnologias mais limpas, nomeadamente o aquecimento, a ventilação e o ar condicionado (AVAC), e de melhorias nos sistemas de transportes públicos para reduzir as emissões dos veículos. Para combater a poluição da água, é necessário investir em instalações de tratamento avançadas, adotar regulamentação mais rigorosa em matéria de descargas industriais e promover práticas agrícolas sustentáveis para minimizar o escoamento. A recuperação de terrenos contaminados exige uma avaliação exaustiva e esforços de limpeza, incluindo técnicas de fitorremediação e biorremediação para restaurar a saúde do solo. As campanhas de saúde pública destinadas a aumentar a sensibilização para os riscos relacionados com a poluição e a defender alterações políticas são essenciais para fomentar a participação da comunidade e promover ambientes mais saudáveis. Coletivamente, estas medidas podem diminuir significativamente os encargos para a saúde associados aos poluentes ambientais.

- **Alterações climáticas:** O aumento das temperaturas e os fenómenos meteorológicos extremos afectam a saúde, aumentando a incidência de doenças relacionadas com o calor, afectando a oferta de alimentos e promovendo a propagação de doenças infecciosas. Ondas de calor, tempestades e inundações mais frequentes e intensas conduzirão diretamente a ferimentos, doenças e mortes. Para atenuar estes impactos, são necessários esforços para reduzir as emissões de gases com efeito de estufa e melhorar as infra-estruturas de saúde pública. O investimento em transportes, alimentos e opções energéticas sustentáveis pode trazer benefícios significativos para a saúde.

- **Habitação e urbanização:** A transição demográfica da vida rural para a vida urbana tem um impacto significativo nos resultados de saúde, tanto a nível individual como comunitário. Embora a transição facilite frequentemente o desenvolvimento económico e melhore o acesso a serviços essenciais, introduz simultaneamente desafios de saúde formidáveis que não podem ser ignorados. O rápido crescimento urbano resulta frequentemente em condições de habitação sobrelotadas, maior exposição a poluentes ambientais e infra-estruturas inadequadas, contribuindo coletivamente para vários problemas relacionados com a saúde. Um dos principais problemas de saúde associados à urbanização é a poluição atmosférica, que é particularmente grave nas regiões densamente povoadas devido a factores como as emissões dos veículos, as operações industriais e as actividades de construção. A investigação tem demonstrado consistentemente que a exposição a partículas finas (PM2,5) e a outros poluentes ambientais está fortemente correlacionada com o aumento da incidência de doenças respiratórias, problemas de saúde cardiovascular e taxas elevadas de mortalidade prematura. As evidências indicam que os residentes urbanos apresentam taxas significativamente mais elevadas de asma, doença pulmonar obstrutiva crónica (DPOC) e doenças cardiovasculares em comparação com os indivíduos que vivem em zonas rurais menos densamente povoadas. Além disso, a urbanização tende a exacerbar a prevalência de doenças não transmissíveis (DNT). Os ambientes urbanos promovem frequentemente estilos de vida sedentários devido a uma conceção urbana que desencoraja a atividade física e fomenta a dependência dos automóveis. Esta mudança contribui para um aumento da obesidade, da diabetes e das doenças cardíacas. Além disso, a disponibilidade de alimentos processados e bebidas açucaradas em contextos urbanos pode levar a uma má nutrição e a escolhas alimentares, aumentando ainda mais o risco de desenvolver doenças não transmissíveis. Para abordar eficazmente a miríade de impactos na saúde associados à urbanização, é necessária uma abordagem abrangente e multifacetada. O planeamento urbano deve dar prioridade à criação de espaços verdes e de infra-estruturas que promovam a atividade pedestre para encorajar um estilo de vida mais ativo entre os residentes. A aplicação de regulamentos mais rigorosos sobre as emissões e a melhoria dos sistemas de transportes públicos são passos fundamentais para reduzir a poluição atmosférica. Além disso, as iniciativas orientadas para a comunidade que se centram na educação nutricional podem capacitar os habitantes das cidades para fazerem escolhas alimentares mais saudáveis. Em resumo, embora a urbanização coloque desafios significativos à saúde pública, a implementação de intervenções estratégicas na conceção urbana, na política de saúde pública e nas iniciativas de envolvimento da comunidade pode atenuar eficazmente os seus efeitos adversos. Ao promover ambientes urbanos mais saudáveis, podemos melhorar os resultados em termos de saúde e a qualidade de vida global das populações urbanas. Viver em zonas urbanas pode significar uma maior exposição à poluição, ao ruído e ao stress, mas também oferece acesso a cuidados de saúde e educação. Temos de compreender a resiliência da segurança urbana, os conceitos e modelos de resiliência da segurança urbana devem ser sistematicamente classificados com base nos antecedentes da investigação sobre segurança urbana.

- **Factores socioeconómicos:** Os factores socioeconómicos influenciam significativamente os resultados de saúde das populações, o que realça a importância de compreender o seu papel na definição das intervenções de saúde pública. Estes factores incluem o rendimento, a educação, o estatuto profissional e a classe social, contribuindo todos eles para as disparidades no acesso aos cuidados de saúde, na qualidade da nutrição e nos comportamentos de saúde em geral. A complexa relação entre o estatuto socioeconómico (SES) e a saúde é fundamental para o desenvolvimento de estratégias eficazes para reduzir as disparidades na saúde.

Os indivíduos provenientes de meios socioeconómicos mais desfavorecidos deparam-se frequentemente com múltiplos obstáculos quando tentam aceder a cuidados de saúde de qualidade. Os recursos financeiros limitados podem levar à falta de seguro de saúde, o que resulta em atrasos no tratamento médico e nos cuidados preventivos. A investigação indica que as pessoas de grupos com NSE mais baixo tendem a apresentar taxas de prevalência mais elevadas de doenças crónicas, como a diabetes, a hipertensão e as doenças cardiovasculares. Por exemplo, os indivíduos com níveis de educação mais baixos têm maior probabilidade de adotar comportamentos de risco para a saúde, como o tabagismo e a inatividade física, perpetuando ainda mais as desigualdades em matéria de saúde. A correlação entre o nível socioeconómico e a saúde vai para além das escolhas individuais e inclui determinantes sociais mais amplos. Os factores ambientais, como as condições de habitação e a segurança do bairro, têm um impacto significativo nos resultados em termos de saúde. As comunidades com baixos rendimentos têm frequentemente dificuldade em aceder a opções alimentares saudáveis, o que leva a maus hábitos alimentares que contribuem para a obesidade e problemas de saúde conexos. Além disso, estes bairros carecem frequentemente de instalações recreativas, o que desencoraja a atividade física e promove estilos de vida sedentários. A saúde mental também é profundamente afetada pelo estatuto socioeconómico.

As pessoas oriundas de meios desfavorecidos podem apresentar um risco acrescido de perturbações de saúde mental devido a factores de stress persistentes, incluindo instabilidade financeira, insegurança no emprego e isolamento social. O estigma que rodeia os problemas de saúde mental nas comunidades de baixo nível socioeconómico pode dissuadir os indivíduos de procurar o tratamento necessário, agravando a incidência de doenças como a depressão e a ansiedade.

Para fazer face à influência dos factores socioeconómicos na saúde, é necessária uma abordagem abrangente. A melhoria do acesso aos cuidados de saúde é fundamental; os decisores políticos devem esforçar-se por alargar a cobertura dos seguros de saúde e desenvolver programas que facilitem a prestação de cuidados às pessoas com baixos rendimentos. Os centros de saúde comunitários podem desempenhar um papel vital na prestação de serviços essenciais a populações carenciadas, incluindo cuidados preventivos e gestão de doenças crónicas.

A educação é um fator-chave na promoção da saúde e na prevenção das doenças. As iniciativas de saúde pública destinadas a melhorar a literacia em matéria de saúde podem capacitar os indivíduos para tomarem decisões informadas sobre a saúde. Os esforços educativos devem ser adaptados aos desafios únicos encontrados pelas comunidades com baixos rendimentos, oferecendo recursos sobre nutrição, atividade física e sensibilização para a saúde mental. Cultivar uma cultura de saúde nestas comunidades pode encorajar escolhas de estilo de vida mais saudáveis. As modificações ambientais são também essenciais para atenuar as disparidades de saúde associadas ao baixo nível de vida. O planeamento urbano que dá prioridade à criação de parques e espaços recreativos seguros pode promover a atividade física. Além disso, as iniciativas destinadas a melhorar o acesso a alimentos nutritivos e a preços acessíveis, como as hortas comunitárias e os mercados de agricultores, podem ajudar a resolver os desertos alimentares que se encontram frequentemente em zonas de baixos rendimentos. Além disso, a integração de recursos de saúde mental nos cuidados de saúde primários é crucial para garantir que os indivíduos tenham acesso ao apoio necessário sem o estigma associado. Os programas baseados na comunidade podem fornecer aconselhamento e grupos de apoio adaptados às necessidades específicas das populações com baixos rendimentos, promovendo a resiliência e um sentimento de pertença.

- **Factores profissionais:** Os factores profissionais desempenham um papel fundamental na influência dos resultados de saúde, moldando o bem-estar físico e mental dos trabalhadores em vários sectores. As exposições perigosas, as cargas de trabalho exigentes e os ambientes de elevado stress podem dar origem a uma série de problemas de saúde, incluindo perturbações músculo-esqueléticas, doenças respiratórias e problemas de saúde mental.

Um dos principais riscos para a saúde decorrentes de factores profissionais é a exposição a substâncias perigosas. Os trabalhadores de sectores como a construção, a indústria transformadora e a agricultura entram frequentemente em contacto com produtos químicos nocivos, metais pesados e partículas, que podem precipitar doenças respiratórias crónicas, doenças de pele e várias formas de cancro. Por exemplo, a exposição prolongada ao amianto está bem documentada como causa de mesotelioma e cancro do pulmão, ao passo que a inalação de pó de sílica está ligada à silicose e à doença pulmonar obstrutiva crónica (DPOC).

Além disso, as exigências físicas inerentes a certos empregos podem conduzir a perturbações músculo-esqueléticas. As profissões que exigem movimentos repetitivos, levantamento de pesos ou períodos prolongados em pé estão particularmente associadas a dores crónicas e a várias lesões, afectando assim negativamente a qualidade de vida e a produtividade dos trabalhadores. Além disso, o stress profissional, muitas vezes exacerbado por longas horas de trabalho, exigências excessivas e falta de controlo sobre as condições de trabalho, pode resultar em ansiedade, depressão e problemas cardiovasculares.

Para atenuar as repercussões na saúde associadas a factores profissionais, é essencial implementar programas abrangentes de saúde e segurança no local de trabalho. O cumprimento rigoroso das normas de segurança e as avaliações regulares da saúde podem ajudar a identificar e minimizar a exposição a substâncias perigosas. Intervenções ergonómicas, tais como

a conceção de uma disposição adequada dos postos de trabalho e a utilização de dispositivos de assistência podem atenuar o esforço físico dos trabalhadores. Além disso, a promoção de uma cultura organizacional de apoio que dê ênfase à saúde mental, ofereça acesso a serviços de aconselhamento e encoraje um equilíbrio saudável entre a vida profissional e a vida privada é crucial para lidar com o stress profissional.

Inferência

A complexa relação entre as escolhas de estilo de vida e os factores externos influencia significativamente a saúde. Elementos-chave como a alimentação, o exercício, o sono e as condições ambientais desempenham um papel crucial na prevenção de doenças crónicas e na promoção do bem-estar geral. As perturbações nos estilos de vida modernos - tais como padrões de sono irregulares, tempo de ecrã excessivo e níveis elevados de stress - podem comprometer este equilíbrio. Além disso, factores ambientais como a poluição, as alterações climáticas e a urbanização representam riscos adicionais para a saúde, complicando os desafios enfrentados pelas populações.

Para resolver estas questões, é vital estabelecer hábitos diários consistentes e melhorados. Isto inclui limitar a exposição aos ecrãs, gerir eficazmente o stress, manter uma atividade física regular e melhorar o ambiente que nos rodeia. Estas práticas podem ajudar a preservar um estado de espírito e um corpo saudáveis. A resolução das desigualdades socioeconómicas, a melhoria do acesso aos cuidados de saúde e o apoio à saúde mental são cruciais para reduzir as disparidades e obter resultados equitativos.

Os governos, as comunidades e os indivíduos devem trabalhar em conjunto para reduzir os riscos ambientais e relacionados com o estilo de vida, dar prioridade às medidas preventivas e criar infra-estruturas de apoio. Ao coordenar esforços no sentido de estilos de vida mais saudáveis e de um desenvolvimento sustentável, a sociedade pode melhorar a qualidade de vida, a resiliência e os resultados a longo prazo em termos de saúde à escala global.

Conflito de interesses

Os autores não têm qualquer conflito de interesses

Agradecimentos

Os autores agradecem o encorajamento e o apoio do CSIR-IITR Lucknow na preparação do manuscrito com a literatura disponível através de livros, revisões e bases de dados do Knowledge Resource Centre (KRC) e outras fontes da Universidade de Lucknow.

Referências

[1] Annear M. Sedentary Behavior and Physical Inactivity in the Asia-Pacific Region: Current Challenges and Emerging Concerns (Desafios actuais e preocupações emergentes). Int J Environ Res Public Health. 2022 Jul 30;19(15):9351. doi: 10.3390/ijerph19159351. PMID: 35954707; PMCID: PMC9368014.

[2] Carga de doença decorrente de água, saneamento e higiene inadequados para resultados adversos de saúde selecionados: uma análise actualizada centrada nos países de baixo e médio rendimento. Prüss-Ustün A, Wolf J, Bartram J, et al. https://pubmed.ncbi.nlm.nih.gov/31088724/. Int J Hyg Environ Health. 2019; 222:765- 777. doi: 10.1016/j.ijheh.2019.05.004.

[3] Chaput JP, McHill AW, Cox RC, Broussard JL, Dutil C, da Costa BGG, Sampasa- Kanyinga H, Wright KP Jr. The role of insufficient sleep and circadian misalignment in obesity (O papel do sono insuficiente e do desalinhamento circadiano na obesidade). Nat Rev Endocrinol. 2023 Feb;19(2):82-97. doi: 10.1038/s41574-022-00747-7. Epub 2022 Oct 24. PMID: 36280789; PMCID: PMC9590398.

[4] Aspectos económicos do saneamento nos países em desenvolvimento. Van Minh H, Nguyen-Viet H. Environ Health Insights. 2011; 5:63-70. doi: 10.4137/EHI.S8199

[5] Examinar a relação entre o estatuto socioeconómico, as práticas de WASH e o desperdício. Raihan MJ, Farzana FD, Sultana S, et al. PLoS One. 2017; 12:0. doi: 10.1371/journal.pone.0172134.

[6] Colaboradores dos Factores de Risco do GBD 2021. Carga global e força da evidência para 88 factores de risco em 204 países e 811 localizações subnacionais, 1990-2021: uma análise sistemática para o Global Burden of Disease Study 2021. Lancet. 2024 May 18;403(10440):2162-2203. doi: 10.1016/S0140-6736(24)00933-4. Erratum in: Lancet. 2024 Jul 20;404(10449):244. doi: 10.1016/S0140-6736(24)01458-2. PMID: 38762324; PMCID: PMC11120204.

[7] Higiene, saneamento e água: fundamentos esquecidos da saúde. Bartram J, Cairncross S. PLoS Med. 2010;7:0. doi: 10.1371/journal.pmed.1000367

[8] IOMC: Qualidade do sono e dor https://www.iomcworld.org/medical-journals/sleep- quality-and-pain-52349.html

[9] Jean-Philippe Chaput, Caroline Dutil, Ryan Featherstone, Robert Ross, Lora Giangregorio, Travis J. Saunders, Ian Janssen, Veronica J. Poitras, Michelle E. Kho, Amanda Ross-White e Julie Carrier. 2020. Duração do sono e saúde em adultos: uma visão geral das revisões sistemáticas. *Fisiologia Aplicada, Nutrição e Metabolismo.* **45**(10 (Suppl. 2)): S218-S231. https://doi.org/10.1139/apnm-2020-0034

[10] Kirithika S, Madhan Kumar LR, Kingson Kumar M, Keerthana E, Lohalavanya R. Conferência Internacional de 2020 sobre Tendências Emergentes em Tecnologia da Informação e Engenharia (ic-ETITE) 2020. Sanitários públicos inteligentes usando IoE; pp. 1-5.

[11] Mason IC, Qian J, Adler GK, Scheer FAJL. Impacto da perturbação circadiana no metabolismo da glucose: implicações para a diabetes tipo 2. Diabetologia. 2020 Mar;63(3):462-472. doi: 10.1007/s00125-019-05059-6. Epub 2020 Jan 8. PMID: 31915891; PMCID: PMC7002226.

[12] Medir a segurança do comportamento de eliminação de excrementos na Índia com o novo Safe San Index: fiabilidade, validade e utilidade. Jenkins MW, Freeman MC, Routray P. Int J Environ Res Public Health. 2014;11:8319-8346. doi: 10.3390/ijerph110808319. [DOI] [PMC free article] [PubMed] [Google Scholar]

[13] Pruss-Ustun A, Bos R, Gore F, Bartram J. Genebra, Suíça: Organização

Mundial da Saúde; 2008. Safer water, better health: costs, benefits and sustainability of interventions to protect and promote health.

[14] Qualidade da água potável e do saneamento na Índia. Aneesh MR. Indian J Hum Dev. 2021; 15:138-152. À espreita nas cidades: urbanização e a economia informal . Elgin C, Oyvat C. Struct Change Econ Dyn. 2013; 27:36-47.

[15] Ruan W, Yuan X, Eltzschig HK. Circadian rhythm as a therapeutic target. Nat Rev Drug Discov. 2021 abril; 20 (4): 287-307. doi: 10.1038 / s41573-020-00109-w. Epub 2021 Feb 15. PMID: 33589815; PMCID: PMC8525418.

[16] Saneamento e saúde. Mara D, Lane J, Scott B, Trouba D. https://pubmed.ncbi.nlm.nih.gov/21125018/. PLoS Med. 2010; 7:0. doi: 10.1371/journal.pmed.1000363

[17] Infecções por helmintos transmitidas pelo solo: ascaridíase, tricuríase e ancilostomíase. Bethony J, Brooker S, Albonico M, Geiger SM, Loukas A, Diemert D, Hotez PJ. Lancet. 2006; 367:1521-1532. doi: 10.1016/S0140-6736(06)68653-4.

[18] The psychological toll of slum living in Mumbai, India: a mixed methods study. Subbaraman R, Nolan L, Shitole T, et al. Soc Sci Med. 2014;119:155-169. doi: 10.1016/j.socscimed.2014.08.021Manipulação de água, saneamento e práticas de defecação no sul da Índia rural: um estudo de conhecimentos, atitudes e práticas. Banda K, Sarkar R, Gopal S, et al. Trans R Soc Trop Med Hyg. 2007; 101:1124-1130. doi: 10.1016/j.trstmh.2007.05.004.

[19] Tendências da seropositividade da febre tifoide ao longo de dez anos no norte da Índia. Banerjee T, Shukla BN, Filgona J, Anupurba S, Sen MR. https://www.ncbi.nlm.nih.gov/pmc/articles/PMC4216508/ Indian J Med Res. 2014;140:310-313. [PMC free article] [PubMed] [Google Scholar]

[20] Walker WH 2nd, Walton JC, DeVries AC, Nelson RJ. Circadian rhythm disruption and mental health (Perturbação do ritmo circadiano e saúde mental). Transl Psychiatry. 2020 Jan 23; 10 (1): 28. doi: 10.1038 / s41398-020- 06940. PMID: 32066704; PMCID: PMC7026420.

[21] Conhecimentos, atitudes e práticas em matéria de higiene da água e do saneamento entre os membros de agregados familiares que vivem em zonas

rurais da Índia. Kuberan A, Singh AK, Kasav JB, Prasad S, Surapaneni KM, Upadhyay V, Joshi A. J Nat Sci Biol Med. 2015;6:0-74. doi: 10.4103/0976-9668.166090.

[22] Água, saneamento e higiene. [Out; 2022]. 2022. https://www.unicef.org/india/what-we-do/water-sanitation-hygiene https://www.unicef.org/india/what-we-do/water-sanitation-hygiene

[23] Água, saneamento e práticas de higiene nos bairros de lata urbanos da Índia Oriental. Kanungo S, Chatterjee P, Saha J, Pan T, Chakrabarty ND, Dutta S. J Infect Dis. 2021;224:0-83. doi: 10.1093/infdis/jiab354. A carga global das febres tifoide e paratifoide: uma análise sistemática para o Estudo da Carga Global de Doenças 2017. GBD 2017 Typhoid and Paratyphoid Collaborators. https://pubmed.ncbi.nlm.nih.gov/30792131/. Lancet Infect Dis. 2019;19:369-381. doi: 10.1016/S1473-3099(18)30685-6.

[24] OMS-UNICEF: Índice de downloads; 2022. https://washdata.org/data/downloads https://washdata.org/data/downloads

[25] Organização Mundial da Saúde (OMS) Genebra, Suíça: Organização Mundial da Saúde; 2018. Estatísticas mundiais de saúde 2018: Monitorização da saúde para os ODS: Objectivos de Desenvolvimento Sustentável.

[26] Organização Mundial de Saúde: Ganhos em saúde com a iniciativa Swachh Bharat. [Sep; 2022]. 2018. https://www.who.int/india/news/detail/27-07-2018-health-gains-from-the-swachh-bharat-initiative.

[27] Organização Mundial de Saúde: Água, saneamento e higiene (WASH); Out; 2022 https://www.who.int/india/health-topics/water-sanitation-and-hygiene-wash

GESTÃO DA MENTE PELA ANTIGA SABEDORIA INDIANA

Dr. Mridulesh Singh
Professor Associado
SBM, Universidade C.S.J.M., Kanpur
Correio eletrónico mrileshsingh7@gmail.com
N.º de contacto: 9415486066

RESUMO

No mundo atual, em que a informação está a ser fornecida como o céu e o ser humano está a tomar a sua decisão de cumprir o que é dito através da comunicação comercial, o que acaba por criar desejos intermináveis através da troca e a mente está sempre ocupada com os seus seis amigos (desejo, agressão, paixão, arrogância e inveja). A informação é um instrumento necessário para aprender a tornar-se um cidadão que vive em sociedade, ajudando-se mutuamente, mas estes seis amigos da mente fazem-no cobiçar e explorar os outros para se realizar e privar os outros, o que conduz à injustiça social, que causa ódio, frustração, agonia e luta pela existência, que se manifesta atualmente sob a forma de várias doenças metabólicas, como a tensão arterial, a depressão, a doença bipolar, a demência, etc. Os antigos sábios indianos, como Patanjali, através da sua filosofia YOGA, tinham dado aforismos importantes que são úteis para reduzir os desejos desnecessários criados pelos comerciantes, que se tornam um fator de stress na vida, limitando as capacidades psicológicas de cada indivíduo no mundo material atual. Este artigo é uma tentativa de explorar a forma como as filosofias iogues das escrituras indianas podem ser úteis para enfrentar as dificuldades da vida atual dos cidadãos da Índia.

Palavra-chave : Doenças metabólicas, Aforismo do Yoga.

INTRODUÇÃO

A gestão da mente envolve dois aspectos: 1.º - Capacidade de concentrar a atenção num objeto e 2.º - Capacidade de manter a calma à vontade. No mundo atual , em que a transmissão cultural está tão impregnada e a informação é tão difundida, é muito difícil para as pessoas manterem-se desligadas dos objectos físicos e conservarem a paz de espírito. De acordo com a OMS (Organização Mundial de Saúde), a saúde é definida como "um estado de completo bem-estar físico, mental e social e não apenas uma ausência de enfermidade ou doença", enquanto as antigas escrituras indianas dizem que a perturbação. Estas doenças surgem quando um sentimento excessivamente forte de gostar e não gostar se amplifica e obstrui o fluxo de energia, causando elementos físicos e fazendo com que as pessoas se sintam inquietas e descontentes. A ambição de conseguir alguma coisa na vida, de desempenhar um papel reconhecido pela sociedade e de ignorar a felicidade, o contentamento e a paz. Os comerciantes modernos estão a atrair a atenção das pessoas através de uma forte campanha promocional para arrastar a mente humana para a felicidade e o conforto através de coisas materialistas, quando sabem que os seres humanos são, na realidade, movidos pelos seus desejos. Os seres humanos são levados ao mercado em busca de saúde. A felicidade e o conforto que obtêm para satisfazer as suas necessidades, que são de fogo e estão hierarquizadas, como sugerido por A.H. Maslow no seu artigo "A Theory of Human motivation", em 1943. Esta hierarquia divide-se entre as necessidades de carência e as necessidades de crescimento, o que implica que o ser humano estabeleça prioridades ao tomar medidas para as satisfazer. Maslow retratou-a em forma de pirâmide, com as necessidades fisiológicas maiores (as necessidades mais fundamentais) na base e a necessidade de auto-realização no topo. A privação é a causa da carência, portanto, se alguém tem necessidades de desenvolvimento, isso motiva-o a satisfazê-las, embora o ser humano seja muito complexo, porque tem muitos factores de motivação diferentes a funcionar ao mesmo tempo em vários níveis da hierarquia de Maslow, que são designados como factores gerais e relativos, mas num determinado momento certos Os factores de motivação dominam e resultam em acções de solicitação, mas estão organizados em hierarquia porque as necessidades básicas e a sua satisfação são muito necessárias para a prossecução de necessidades de nível mais elevado. Se uma pessoa se esforçar por satisfazer as suas necessidades biogénicas, não estará disposta a ver a segurança, a estima social e a auto-realização. A segurança económica manifesta-se de várias formas, como preferência de emprego, queixas de segurança, procedimento de contas de poupança, apólice de seguro Saúde, ambiente seguro e tudo isto é ter estabilidade na sua vida, que é mantida pela saúde emocional, financeira e pessoal. A aceitação da segurança no grupo social e de trabalho, como a família, os trabalhadores, os grupos religiosos, os desportos, a arte e a literatura, as faculdades, é muito importante porque a sua segurança conduz à solidão, à ansiedade e à depressão e afecta negativamente a capacidade individual de manter relações emocionais com os outros em grupos, porque a partilha de sentimentos com os outros reduz a possibilidade de depressão e, se não for partilhada, conduz à solidão e reduz os seus pertences com os outros, causando instabilidade mental. Receber e dar amor e afeto, demonstrando confiança e intimidade com os outros, ajuda na aceitação social, o que estabiliza a posição e a aceitação do papel no convívio social. A estima é aceitável pela administração dos outros, que é de dois tipos: uma forma de outros, como fama, prestígio, atenção, estatuto e reconhecimento, e outra para o respeito por si próprio, que uma pessoa alcança através da competência, dos seus conhecimentos, competências e capacidades, o que leva ao domínio e à auto-confiança. Esta auto-confiança as pessoas adquirem através da aprendizagem e da experiência, pelo que tentam criar e assegurar a manutenção de um ambiente que apoie e dê oportunidade às suas realizações. No estado de auto-realização, o ser humano começa a procurar conhecimentos que satisfaçam o seu maior sentido de cognição para o seu objetivo final de existência neste planeta como ser humano, pelo que tenta obter uma visão do seu verdadeiro eu com todos os componentes da natureza e desenvolver todo o seu potencial que a natureza lhe conferiu.

Instrumento ancestral indiano para harmonizar os instintos mentais e os desejos sociais. Todos os indivíduos da sociedade querem alcançar a elevação económica e social, aumentando o seu potencial através da aprendizagem e da experiência que os tornam competentes, de modo a acumularem o que está disponível no mundo. Este processo de elevação exige a luta contra muitos factores, como os políticos, económicos, sociais, tecnológicos e jurídicos, e cria muitos obstáculos devido à imensa concorrência e às práticas pouco éticas utilizadas por estas forças, que conduzem à frustração e à depressão, A antiga sabedoria indiana, tal como sugerida pelo nosso sábio PATANJALI no Yog Sutra, salienta a forma como uma pessoa pode atingir o objetivo supremo da sua existência neste planeta. Estes passos são: YAMAN NIYAMA, que ajuda a gerir KAMA (desejo) e Krodha (raiva), porque ao conhecer a razão que motiva os seres humanos a interagir com os outros no mundo para a realização. Estes preceitos ajudam a treinar, disciplinar e educar a mente humana para gerir a raiva, a agressividade, o stress, a ansiedade, a falta de cuidado, porque a prática de Yama Niyama ajuda a perdoar, a libertar-se das coisas negativas e a aumentar o respeito e a honra por todos. A negatividade ganha da sociedade e continua a crescer até que um dia explode, razão pela qual não se deve guardar ressentimentos e animosidade, porque perturbam todo o ambiente. Outras duas razões importantes para a perturbação mental e a agitação são o apego e o desapego. O apego deve-se a expectativas latentes devido à necessidade e ao desejo de um objeto inanimado, um comportamento e uma expressão momentâneos que começam com a consciência que desencadeia uma necessidade, um desejo e uma expetativa de proporcionar segurança, conforto, satisfação, felicidade e ajuda a cumprir a razão pela qual uma pessoa vê o apego na sua consciência. Este apego, para ser satisfeito, deve ser obtido com o apoio dos outros e, se desenvolvermos uma natureza de apoio, desenvolve-se uma relação frutuosa, interactiva e criativa, baseada na confiança e na compreensão. O desapego não significa negação, mas prepara a mente para um comportamento em aplicações apropriadas que, em última análise, apoiam e alimentam a ligação social e desenvolvem uma relação harmoniosa com a família, os amigos e a sociedade. Para resolver o ego e a inveja, temos de contemplar o que gostamos e o que não gostamos, que é criado dentro de nós, porque a nossa ação com os outros e a sua resposta são guiadas pelo ego, que se reflecte na nossa autoestima. A única ferramenta aconselhada pelos sábios indianos é a humildade, que pacifica o ego e o salva de problemas, porque haverá uma ação e uma reação contínuas na vida e, muitas vezes, isso cria conflitos e desenvolve a inveja. Se nos esforçarmos por trabalhar para os outros através da observação, da compreensão e do cultivo de uma atitude positiva, isso ajuda a gerir estes instintos mentais.

Yoga terapêutico na gestão do impulso mundano gerado na mente

Uma pessoa que tenha uma perturbação na facilidade de abordagem ao médico como paciente e procura aconselhamento para corrigir a sua perturbação física ou psicológica, que é causada por infecções, má nutrição ou metabolismo perturbado, mas quando o seu comportamento bloqueado por objectivos causa uma perturbação psicológica devido a interações sociais, a eficiência humana diminui devido à tensão, ansiedade, frustração desanimadora e começa a acumular-se na mente. Os nossos antigos sábios prescreveram muitos aforismos nas escrituras que definem como o equilíbrio mental pode ser mencionado nas adversidades que estão destinadas a surgir na vida dos seres humanos. A primeira regra do Yoga é cultivar a sua consciência a tal ponto que nada ocorra de forma subtil ou de qualquer outra forma, cada movimento, cada movimento de pensamento é observado. Esta consciência leva ao apego enquanto eles estão a ser criados e perceber se eles são essencialmente necessários ou apenas paixão. O Yoga diz que o desejo de possuir algo deve ser avaliado com base no princípio SWAN, que consiste em conhecer a força, a fraqueza, a ambição e a necessidade, e se os seres humanos forem capazes de categorizar as suas expectativas nestas quatro categorias e as compreenderem à luz da sua força, ambição e necessidade, isso libertar-nos-á da escravidão do apego. O Yoga diz que se o apego for uma necessidade, então é válido e se for uma ambição, então não será satisfatório. O princípio SWAN é um instrumento forte para gerir a inteligência e a associação da mente com diferentes objectos no ambiente que causam o desejo, que seria orientado de forma adequada e apropriada se fosse julgado. O princípio SWAN transforma lenta e progressivamente o pensamento da mente humana. O ioga diz que a consciência leva a alterar a perceção, pois é possível alterar as circunstâncias à medida que as vemos primeiro na nossa consciência e, nas disciplinas iogues, é possível descobrir uma vida mais elevada e reflecti-la numa palavra simples: altere o assunto e o objeto mudará. Os sutras iogues de YAM NIYAM AASAN e PRAYAYAM para o corpo físico

PRATYAHARA, DHARNA, DHYAN são para o corpo mental e a sua disciplina conduz ao SAMADHI ou felicidade sem fim.

REFERÊNCIAS

1. Swami Amar Jyoti (2019) Vida consciente Anand Niketan Trust Pune.
2. Swami Satyanand (2010) Antar Dhyan Yoga publication trust Munger Bihar.
3. Swami Niranjananad (2011) Sanyas Yoga publication trust Munger Bihar.
4. Swami Niranjananad (2012) A minha herança de Sannays Yoga publicação confiança Munger Bihar.
5. K. Shridharan Bhatt (2002) Management and Behavioural Process Himalaya Publication House Mumbai.
6. Margie Parikh, Rajen Gupta (2012) Organizational Behaviour Tata Mc Graw Hill New Delhi.
7. Sant Gyaneshwar (2019) Sri Gyaneshwari Gita Press Gorakhpur.

Stress e saúde

Shail Kumari
shailchem5@gmail.com
Departamento de Química
Colégio P.G. para raparigas Dayanand, Kanpur

Resumo

Os ritmos e exigências da vida atual são muitas vezes desafiantes e exigem esforços físicos e psicológicos intensos para serem sustentados. Um indivíduo reage a uma tensão física e mental potencialmente perigosa para a saúde activando circuitos neuroendócrinos interligados. Esta resposta permite ao corpo enfrentar e lidar com o desafio e restabelecer o equilíbrio homeostático. Se o indivíduo percepciona um estímulo nocivo como demasiado intenso, ou a sua duração como demasiado longa, pode não conseguir lidar com ele e incorrer em má adaptação. Neste caso, a resposta ao stress não se resolve num estado de equilíbrio (semelhante ou novo, ou seja, adaptado, em comparação com o estado anterior ao stress), os parâmetros neuroendócrinos permanecem alterados e pode ocorrer doença. O stress tem um impacto psicológico que se pode manifestar como irritabilidade ou agressividade, sensação de perda de controlo, insónia, fadiga ou exaustão, tristeza ou lágrimas, problemas de concentração ou de memória, ou mais.

O stress contínuo pode levar a outros problemas, como a depressão, a ansiedade ou o esgotamento. Uma boa gestão do stress melhora a sua qualidade de vida e a sua saúde mental.

A ciência acumulada que associa o stress a resultados negativos para a saúde é vasta. O stress pode afetar a saúde diretamente, através de respostas autonómicas e neuroendócrinas, mas também indiretamente, através de alterações nos comportamentos de saúde... Os estudos analisados neste artigo confirmam que o stress tem um impacto em múltiplos sistemas biológicos. Os trabalhos futuros devem ter mais em conta a importância da adversidade no início da vida e continuar a explorar a forma como os diferentes sistemas biológicos interagem no contexto do stress e dos processos de saúde.

Palavras-chave: neuroendócrino , estímulo , adaptado , agressão , depressão e ansiedade

Introdução

O stress é uma reação humana natural que acontece a todos. De facto, o nosso corpo foi concebido para sentir o stress e reagir a ele. Quando sofremos mudanças ou desafios (factores de stress), o nosso corpo produz respostas físicas e mentais. Isso é stress. Os ritmos e exigências da vida atual são muitas vezes desafiantes e exigem esforços físicos e psicológicos intensos para serem sustentados. Um indivíduo reage a uma tensão física e mental potencialmente perigosa para a saúde activando circuitos neuroendócrinos interligados. Esta resposta permite ao corpo enfrentar e lidar com o desafio e restabelecer o equilíbrio homeostático. Se o indivíduo percepciona um estímulo nocivo como demasiado intenso, ou a sua duração como demasiado longa, pode não conseguir lidar com ele e incorrer em má adaptação. Neste caso, a resposta ao stress não se resolve num estado de equilíbrio (semelhante ou novo, ou seja, adaptado, em comparação com o estado anterior ao stress), os parâmetros neuroendócrinos permanecem alterados e pode ocorrer doença. É evidente que o stress tem uma componente física (objetiva) e uma componente psicológica (subjectiva): esta última, tal como descrita por Koolhaas e colegas, depende da perceção individual da sua previsibilidade e controlabilidade [1].
A forma como uma pessoa consegue antecipar um determinado stressor e depois controlá-lo define, em grande parte, a resposta ao stress resultante, a rapidez e a eficácia com que é ativado, promovendo a adaptação, e a rapidez com que é desligado, uma vez recuperado o equilíbrio. O curso temporal da resposta ao stress, caracterizado por índices neuroendócrinos e comportamentais mensuráveis, revela, assim, se um estímulo desestabilizador é controlável ou, pelo contrário, não pode ser controlado e, consequentemente, se se torna prejudicial.Os centros corticais do cérebro detectam um estímulo perturbador e respondem activando vias que, através do sistema límbico, estimulam redes periféricas, incluindo o eixo simpático-adrenal-medular e o sistema renina-angiotensina, e mais tarde o eixo hipotálamo-

hipófise-adrenal (HPA) [2]. Segue-se uma cascata de eventos que resulta na orquestração de uma resposta complexa. A adrenalina e outras hormonas e neuropeptídeos são produzidos e regulam as funções cardiovasculares e metabólicas (induzindo, por exemplo, o aumento da frequência cardíaca, da frequência respiratória e da libertação de glicose) para uma resposta rápida e concertada para ultrapassar o desafio.

Se o estímulo angustiante persistir, o eixo HPA entra em ação para sustentar a reação imediata mediada pelos sistemas periféricos activados centralmente. A resposta HPA começa com a libertação da hormona libertadora de corticotropina pelo hipotálamo para a hipófise e culmina com a estimulação do córtex suprarrenal pela hormona adrenocorticotrópica derivada da hipófise para produzir glucocorticóides (GC). A maioria dos órgãos e tecidos, incluindo os nervos simpáticos, as células imunitárias e várias regiões do cérebro, expressam receptores de GC e respondem aos GC induzidos pelo stress. Consequentemente, estas hormonas participam na regulação de processos díspares associados ao stress, desde a modulação dos efeitos cardiovasculares e da função imunitária, até à eventual atenuação da resposta ao stress através da inibição do eixo HPA quando a adaptação é atingida.

Em situações em que o fator de stress é esmagador e não pode ser resolvido, o stress torna-se crónico. Neste caso, o mecanismo de feedback negativo dependente de GC que controla a resposta ao stress não funciona, desenvolve-se resistência aos receptores de GC e os níveis sistémicos dos mediadores moleculares do stress permanecem elevados, comprometendo o sistema imunitário e danificando a longo prazo vários órgãos e tecidos [3].

Efeitos do stress no organismo

O stress afecta todos os sistemas do corpo, incluindo os sistemas músculo-esquelético, respiratório, cardiovascular, endócrino, gastrointestinal, nervoso e reprodutivo.

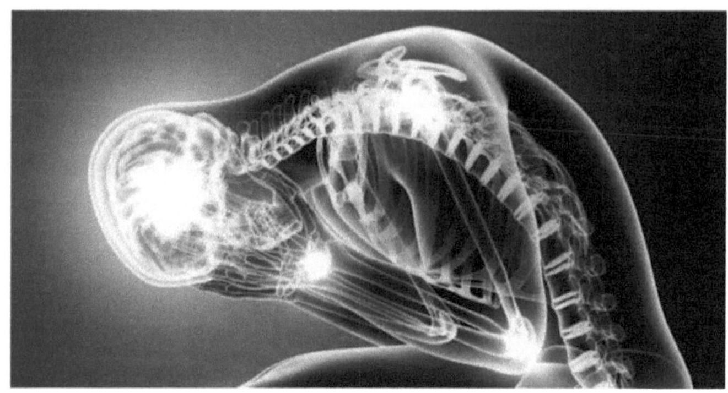

Os nossos corpos estão bem equipados para lidar com o stress em pequenas doses, mas quando esse stress se torna crónico ou a longo prazo, pode ter efeitos graves no nosso corpo.(4)

É importante esclarecer o papel que o stress desempenha no desconforto articular e muscular. O stress em si não causa danos físicos nos músculos e nas articulações. No entanto, o stress prolongado e descontrolado pode levar a uma série de efeitos secundários desagradáveis e dolorosos que parecem acampar em locais específicos do corpo. Quando o corpo (e o cérebro) sofre de stress, os músculos ficam tensos. Muitas vezes, pode não se aperceber que está a cerrar o maxilar ou que os músculos do pescoço e dos ombros estão rígidos e tensos. Quando o stress desaparece, a tensão também desaparece. Infelizmente, quando se luta contra o stress excessivo, crónico ou recorrente, o corpo nunca tem uma oportunidade adequada para relaxar.

Como o stress afecta os músculos e as articulações

O corpo humano é composto por mais de 650 músculos e uma média de 360 articulações (em corpos adultos). Quando se passa por uma situação ou acontecimento stressante, ocorre uma reação química específica no corpo que faz com que todos os músculos fiquem tensos ao mesmo tempo. Esta reação, designada por "resposta de luta ou fuga", é a forma de o corpo humano se proteger contra lesões ou dor. Infelizmente, esta resposta pode ocorrer quer a ameaça seja verdadeiramente perigosa quer seja um sintoma de stress diário.

O stress crónico faz com que os músculos estejam constantemente "em guarda". Quando os músculos estão tensos e limitados durante um período prolongado, podem desencadear outras reacções no corpo e promover problemas relacionados com o stress a longo prazo. Pense em quando está a trabalhar. Está relaxado e pratica uma postura correta, ou está tenso e curvado sobre a secretária durante horas a fio? Exemplos comuns de dores musculares e articulares resultantes do stress incluem dores na zona lombar, nas extremidades superiores (como os ombros, cotovelos e pulsos), dores no pescoço, dores de cabeça de tensão ou enxaquecas, dores na anca e dores no maxilar.(5)

Sistema músculo-esquelético

Quando o corpo está sob stress, os músculos ficam tensos. A tensão muscular é quase uma reação reflexa ao stress - a forma de o corpo se proteger contra lesões e dores.

Em caso de stress súbito, os músculos ficam tensos de uma só vez e depois libertam a tensão quando o stress passa. O stress crónico faz com que os músculos do corpo estejam num estado de alerta mais ou menos constante. Quando os músculos estão esticados e tensos durante longos períodos de tempo, podem desencadear outras reacções do corpo e até promover perturbações relacionadas com o stress.

Por exemplo, tanto a cefaleia de tensão como a enxaqueca estão associadas à tensão muscular crónica na zona dos ombros, do pescoço e da cabeça. A dor músculo-esquelética na região lombar e nas extremidades superiores também tem sido associada ao stress, especialmente ao stress no trabalho.

Milhões de pessoas sofrem de condições dolorosas crónicas secundárias a perturbações músculo-esqueléticas. Muitas vezes, mas nem sempre, pode haver uma lesão que desencadeia o estado de dor crónica. O que determina se uma pessoa lesionada passa ou não a sofrer de dor crónica é a forma como reage à lesão. As pessoas que têm medo da dor e de se lesionarem de novo, e que procuram apenas uma causa física e a cura para a lesão, têm geralmente uma recuperação pior do que as pessoas que mantêm um certo nível de atividade moderada, supervisionada por um médico. A tensão muscular e, eventualmente, a atrofia muscular devido ao desuso do corpo, promovem condições músculo-esqueléticas crónicas relacionadas com o stress.

Foi demonstrado que as técnicas de relaxamento e outras actividades e terapias de alívio do stress reduzem eficazmente a tensão muscular, diminuem a incidência de certas perturbações relacionadas com o stress, como as dores de cabeça, e aumentam a sensação de bem-estar. Para as pessoas que desenvolvem condições de dor crónica, as actividades de alívio do stress demonstraram melhorar o humor e a função diária.(4)

O stress e as complicações da função cerebral

Durante muito tempo, os investigadores sugeriram que as hormonas têm receptores apenas nos tecidos periféricos e não têm acesso ao sistema nervoso central (SNC) (Lupien e Lepage, 2001(6). No entanto, observações demonstraram o efeito de medicamentos anti-inflamatórios (que são considerados hormonas sintéticas) sobre o comportamento e a

perturbações cognitivas e o fenómeno denominado "psicose esteroide" (Clark et al., 1952(7). No início dos anos sessenta, os neuropeptídeos eram reconhecidos como compostos desprovidos de efeitos no sistema endócrino periférico. No entanto, foi determinado que as hormonas são capazes de provocar efeitos biológicos em diferentes partes do SNC e desempenham um papel importante no comportamento e na cognição (De Kloet, 2000 (8)). Em 1968, McEven sugeriu pela primeira vez que o cérebro dos roedores é capaz de responder ao glucocorticoide (como um dos operadores na cascata do stress). Esta hipótese de que o stress pode provocar alterações funcionais no SNC foi então aceite (McEwen et al., 1968(9). A partir dessa altura, foram reconhecidos dois tipos de receptores corticotrópicos (glucocorticosteróides e mineralocorticóides) (de Kloet et al., 1999(10). Foi determinado que a afinidade dos receptores glucocorticosteróides para o cortisol e a corticosterona era cerca de um décimo da afinidade dos receptores mineralocorticóides (de Kloet et al., 1999)(10). A área do hipocampo tem ambos os tipos de receptores, enquanto outros pontos do cérebro têm apenas receptores glucocorticosteróides (de Kloet et al., 1999)(10).

Os efeitos do stress no sistema nervoso são investigados há 50 anos (Thierry et al., 1968(11)). Alguns estudos mostraram que o stress tem muitos efeitos no sistema nervoso humano e pode causar alterações estruturais em diferentes partes do cérebro (Lupien et al., 2009(12)). O stress crónico pode levar à atrofia da massa cerebral e diminuir o seu peso (Sarahian et al., 2014(13]). Estas alterações estruturais provocam diferenças na resposta ao stress, na cognição e na memória (Lupien et al., 2009(65]). Naturalmente, a quantidade e a intensidade das alterações são diferentes consoante o nível de stress e a duração do stress (Lupien et al., 2009(12]). No entanto, é agora óbvio que o stress pode causar alterações estruturais no cérebro com efeitos a longo prazo no sistema nervoso (Reznikov et al., 2007(14)). Assim, é altamente essencial investigar os efeitos do stress em diferentes aspectos do sistema nervoso (Tabela 1 (Tab. 1); Referências na Tabela 1: Lupien et al., 2001(15); Woolley et al., 1990[122]; Sapolsky et al., 1990(16); Gould et al., 1998(17); Bremner, 1999(18); Seeman et al., 1997(19); Luine et al., 1994(20); Li et al., 2008(21); Scholey et al., 2014(22); Borcel et al., 2008(23); Lupien et al., 2002(24).

	Aspects of function	Main Area involved	Structural Changes	Functional Changes
Stress and brain	Memory	Hippocampus (Glucocorticoid receptors) Amygdala (Noradrenaline)	atrophy and neurogenesis disorders (*Lupien et al.*, *2001*), decreasing dendritic branches (*Woolley et al.*, *1990*), decreasing the number of neurons and synaptic terminals altering (*Sapolsky et al.*, *1990*), decreasing neurogenesis in hypocampus (*Gould et al.*, *1998*), reduction in hypocampus volume (*Bremner*, *1999*), modifying LTP (*Seeman et al.*, *1997*)	declarative memory disorders (*Lupien et al.*, *2001*), reduction in spatial memory (*Luine et al.*, *1994*), weakening verbal memory, disturbance in hippocampus-dependent loading data (*Bremner*, *1999*)
	Cognition and Learning	hippocampus, amygdala and temporal lobe	neurodegenerative processes activation (*Li et al.*, *2008*)	reducing of cognition (*Scholey et al.*, *2014*), making behavioral, cognitive and mood disorders (*Li et al.*, *2008*), disorders in hippocampus-related cognition (*Borcel et al.*, *2008*), decreasing the reaction time (*Lupien et al.*, *2002*)

Quadro 1. Efeitos destrutivos do stress na função do SNC.

O stress manifesta-se em três fases: na primeira fase (fase de alarme), a adrenalina, a noradrenalina e os corticosteróides são produzidos nas correntes sanguíneas e geram uma resposta de luta e fuga. Na segunda fase (fase de resistência), o corpo tenta equilibrar-se, um sintoma de stress que se desenvolve durante a fase de alarme. Se o stress continuar, o corpo sofre de fadiga, problemas de sono e dificuldade de concentração. Na terceira fase (Exaustão), pode ser o dia do mês, o nosso corpo desliga-se completamente do stress. Se não for resolvido ao fim de alguns dias (stress interminável), causa danos a longo prazo no corpo e no sistema imunitário. Alterações hormonais durante o stress - um certo nível de stress é bom porque ajuda a atingir o objetivo, mas um nível excessivo de stress é prejudicial. Durante o stress, aumentam os níveis de adrenalina e cortisol. Adrenalina - Provoca alterações rápidas na respiração e no ritmo cardíaco, o que leva ao suor e à boca seca, alterando o metabolismo do corpo. Se o stress for emocional, o efeito da adrenalina é mais lento e a pessoa sente-se agitada. Se a causa do stress for emocional, o efeito da adrenalina é mais lento e a pessoa sente-se agitada. Se a causa do stress for prolongada, a pessoa sente-se tensa e nunca relaxada, o que é muito prejudicial para a saúde física e mental. Cortisol - É a outra hormona do stress. Aumenta gradualmente em condições de stress. O seu efeito a curto prazo é positivo, mas o efeito a longo prazo é muito prejudicial e cria uma série de problemas de saúde desequilibrando o açúcar, diminuindo o nível da tiroide, aumentando a PA, diminuindo a imunidade, diminuindo a densidade óssea, etc.(25)

Quais são algumas das causas do stress?

Quase tudo pode causar stress, dependendo da situação e da sua capacidade de lidar com ela, mas aqui estão alguns dos factores de stress mais comuns:

- Emprego e local de trabalho: Prazos, chefes desafiantes, colegas problemáticos, política de escritório, até mesmo assédio e discriminação no local de trabalho - todas estas coisas podem mantê-lo acordado à noite com preocupação e medo. O seu emprego é uma parte importante da sua vida quotidiana. Quando as coisas não correm bem, o stress no trabalho pode aumentar. Por outro lado, se estiver desempregado, os factores de stress podem estar relacionados com a perda de rendimentos e de necessidades básicas como a alimentação e o alojamento.
- Dinheiro e finanças: Contas em atraso, dívidas de cartão de crédito, cobradores, roubo de identidade e fraude, até mesmo o ato de verificar o saldo da sua conta poupança, podem inspirar stress. Para a maioria das pessoas, o dinheiro é uma necessidade. Algumas pessoas lutam apenas para fazer face às despesas e outras estão desempregadas ou subempregadas. As preocupações podem girar em torno de como fazer as compras, pagar a conta da eletricidade, pagar a conta do médico e como pagar a renda ou a hipoteca. Os efeitos do stress podem tornar a sobrevivência ainda mais difícil.
- Catástrofes e traumas: As catástrofes naturais ou provocadas pelo homem e os acontecimentos traumáticos podem ter grande impacto na vida de uma pessoa. Tornados, incêndios florestais, furacões e inundações podem levar à perda de vidas, casas e comunidades. Este tipo de stress pode tornar-se avassalador. O stress provocado por acontecimentos traumáticos, como ser vítima de um ataque ou de um acidente grave, pode igualmente conduzir a

um stress profundo e duradouro e a problemas de saúde.

- Relações e família: Os filhos, o divórcio, a separação, a solidão e até a responsabilidade de cuidar de uma família podem ter impacto no stress. Para aqueles que lidam com a morte de um ente querido, com uma doença ou que têm de cuidar de um familiar doente ou idoso, o stress também desempenha um papel importante na saúde e no bem-estar.(26)

Como é que se pode lidar com isso?

Os passos seguintes são úteis para gerir o stress:

1. Dedique 15-20 minutos por dia ao exercício de relaxamento e respiração profunda.
2. Tentar falar de si próprio de forma positiva e diminuir os pensamentos negativos.
3. Dieta nutricional regular.
4. Gestão do tempo e abordagens de vida positivas
5. Criar e utilizar um sistema de apoio.
6. Explorar programas de combate ao stress
7. Estabelecer uma base de trabalho prioritária.
8. Se necessário, consultar um conselheiro.
9. A meditação também é benéfica
10. Trabalho de passatempo.
11. Comunicação social correta(25).

Conclusão

No seu conjunto, o stress pode induzir tanto efeitos benéficos como prejudiciais. Os efeitos benéficos do stress envolvem a preservação da homeostase das células/espécies, o que leva a uma sobrevivência contínua. No entanto, em muitos casos, os efeitos nocivos do stress podem receber mais atenção ou reconhecimento por parte de um indivíduo devido ao seu papel em várias condições patológicas e doenças. Como foi discutido nesta revisão, vários factores estão envolvidos na resposta do corpo ao stress. Muitas perturbações têm origem no stress, especialmente se o stress for grave e prolongado.

A comunidade médica precisa de ter uma maior consciência do papel significativo que o stress pode desempenhar em várias doenças e, em seguida, tratar o doente em conformidade, utilizando intervenções terapêuticas farmacológicas (medicamentos e/ou nutracêuticos) e não farmacológicas (alteração do estilo de vida, exercício diário, alimentação saudável e programas de redução do stress). Um aspeto importante para o médico que faz o tratamento do stress é o facto de todos os indivíduos variarem na sua resposta ao stress, pelo que uma determinada estratégia ou intervenção de tratamento adequada para um doente pode não ser adequada ou óptima para um doente diferente

Referências

1. Koolhaas JM, Bartolomucci A, Buwalda B, et al. Stress revisited: a critical evaluation of the stress concept. Neurosci. Biobehav. Rev. 2011;35(5):1291-1301. doi: 10.1016/j.neubiorev.2011.02.003.

2. Black PH. Stress e a resposta inflamatória: uma revisão da inflamação neurogénica. Brain Behav. Immun. 2002;16(6):622-653. doi: 10.1016/s0889-1591(02)00021-1.

3. Silverman MN, Sternberg EM. Glucocorticoid regulation of inflammation and its functional correlates: from HPA axis to glucocorticoid recetor dysfunction. Ann. NY Acad. Sci. 2012;1261:55-63. doi: 10.1111/j.1749-6632.2012.06633.x.

4. https://www.apa.org/topics/stress/body

5. https://orthounitedohio.com/blog/effects-of-stress-on-joints/

6. Lupien SJ, Lepage M. Stress, memory, and the hippocampus: can't live with it,

can't live without it. Behav Brain Res. 2001;127:137-158. doi: 10.1016/s0166-4328(01)00361-8.

7. Clark LD, Bauer W, Cobb S. Preliminary observations on mental disturbances occurring in patients under therapy with cortisone and ACTH. N Engl J Med. 1952;246:205-216. doi: 10.1056/NEJM195202072460601.

8. de Kloet ER. Stress no cérebro. Eur J Pharmacol. 2000;405:187-198. doi: 10.1016/s0014-2999(00)00552-5.

9. McEwen BS, Weiss JM, Schwartz LS. Retenção selectiva de corticosterona por estruturas límbicas no cérebro do rato. Nature. 1968;220(5170):911-912. doi: 10.1038/220911a0.

10. de Kloet ER, Oitzl MS, Joëls M. Stress and cognition: are corticosteroids good or bad guys? Trends Neurosci. 1999;22:422-426. doi: 10.1016/s0166-2236(99)01438-1.

11. Thierry A-M, Javoy F, Glowinski J, Kety SS. Effects of stress on the metabolism of norepinephrine, dopamine and serotonin in the central nervous system of the rat. I. Modifications of norepinephrine turnover. J Pharmacol Exp Ther. 1968;163:163-171.

12. Lupien SJ, McEwen BS, Gunnar MR, Heim C. Effects of stress throughout the lifespan on the brain, behaviour and cognition (Efeitos do stress ao longo da vida no cérebro, comportamento e cognição). Nat Rev Neurosci. 2009;10:434-445. doi: 10.1038/nrn2639

13. Sarahian N, Sahraei H, Zardooz H, Alibeik H, Sadeghi B. Effect of memantine administration within the nucleus accumbens on changes in weight and volume of the brain and adrenal gland during chronic stress in female mice. Modares J Med Sci: Pathobiology. 2014;17:71-82.

14. Reznikov LR, Grillo CA, Piroli GG, Pasumarthi RK, Reagan LP, Fadel J. Acute stress- mediated increases in extracellular glutamate levels in the rat amygdala: differential effects of antidepressant treatment. Eur J Neurosci. 2007;25:3109-3114. doi: 10.1111/j.1460-9568.2007.05560.x.

15. Lupien SJ, Lepage M. Stress, memory, and the hippocampus: can't live with it, can't live without it. Behav Brain Res. 2001;127:137-158. doi: 10.1016/s0166-4328(01)00361-8.

16. Sapolsky RM, Uno H, Rebert CS, Finch CE. Hippocampal damage associated with prolonged glucocorticoid exposure in primates. J Neurosci. 1990;10:2897-2902. doi: 10.1523/JNEUROSCI.10-09-02897.1990.

17. Gould E, Tanapat P, McEwen BS, Flügge G, Fuchs E. Proliferation of granule cell precursors in the dentate gyrus of adult monkeys is diminished by stress. Proc

Natl Acad Sci. 1998;95:3168-3171. doi: 10.1073/pnas.95.6.3168.

18. Bremner JD. Does stress damage the brain? Biol Psychiatry. 1999;45:797-805. doi: 10.1016/s0006-3223(99)00009-8.

19. Seeman TE, McEwen BS, Singer BH, Albert MS, Rowe JW. Aumento da excreção urinária de cortisol e declínios de memória: MacArthur studies of successful aging. J Clin Endocrinol Metab. 1997;82:2458-2465. doi: 10.1210/jcem.82.8.4173.

20. Luine V, Villegas M, Martinez C, McEwen BS. O stress repetido provoca perturbações reversíveis no desempenho da memória espacial. Brain Res. 1994;639:167-170. doi: 10.1016/0006-8993(94)91778-7.

21. Li S, Wang C, Wang W, Dong H, Hou P, Tang Y. Chronic mild stress impairs cognition in mice: from brain homeostasis to behavior. Life Sci. 2008;82:934-942. doi: 10.1016/j.lfs.2008.02.010

22. Scholey A, Gibbs A, Neale C, Perry N, Ossoukhova A, Bilog V, et al. Anti-stress effects of lemon balm-containing foods. Nutrients. 2014;6:4805-4821. doi: 10.3390/nu6114805

23. Borcel E, Pérez-Alvarez L, Herrero AI, Brionne T, Varea E, Berezin V, et al. O stress crónico na idade adulta seguido de stress intermitente prejudica a memória espacial e a sobrevivência de células hipocampais recém-nascidas em animais envelhecidos: prevenção por FGL, um péptido mimético da molécula de adesão celular neural. Behav Pharmacol. 2008;19:41-49. doi: 10.1097/FBP.0b013e3282f3fca9.

24. Lupien SJ, Wilkinson CW, Brière S, Ménard C, Kin NNY, Nair N. The modulatory effects of corticosteroids on cognition: studies in young human populations. Psychoneuroendocrinology. 2002;27:401-416. doi: 10.1016/s0306-4530(01)00061-0.

25. Devraj Singh Chouhan-Stress e os seus principais efeitos na saúde humanaRevista Internacional de Investigação Multidisciplinar Aliada Revisão e Práticas www.ijmarrp.com (Volume 3, Edição 2, abril de 2016)

26. https://www.cigna.com/knowledge-center/effects-of-stress-and-their-impact-on-your- saúde

A Dra. Archana Dixit é Professora Assistente no Departamento de Química, Dayanand Girls P.G.College, Kanpur, e tem mais de 60 publicações em revistas internacionais e nacionais. É membro de conselhos editoriais e editou 9 livros.

O Sr. Devendra Awasthi é Professor Chefe de Departamento no Departamento de Química no Sri J.N.P.G College, Lucknow, com uma elaborada experiência de ensino de mais de 30 anos. Tem mais de 150 publicações em revistas internacionais e nacionais. É membro de vários conselhos editoriais e editor de mais de 30 livros.

A Prof. Rachna Prakash é Professora (Responsável) no Departamento de Química, Dayanand Girls PG College Kanpur. Tem mais de 30 publicações em revistas internacionais e nacionais. É membro de 4 conselhos editoriais e editou 3 livros

Printed by Books on Demand GmbH, Norderstedt / Germany